高等院校应用型本科规划教材

实用环境质量评价

陈振民　谢　薇
赵　伟　叶　璟　编　著

华东理工大学出版社
EAST CHINA UNIVERSITY OF SCIENCE AND TECHNOLOGY PRESS
·上海·

图书在版编目(CIP)数据

实用环境质量评价 / 陈振民,等编著. —上海:华东理工大学出版社,2016.9
ISBN 978-7-5628-4749-6

Ⅰ.①实… Ⅱ.①陈… ②谢… ③赵… ④叶… Ⅲ.①环境质量评价
Ⅳ.①X82

中国版本图书馆 CIP 数据核字(2016)第 176283 号

内容提要

本书以实用和实例为特点,有重点地阐述了有关环境质量评价的基本理论、概念及方法。主要内容有环境标准、环境质量现状评价、环境影响评价等。

本书可作为环境专业教学之用,也可作为环境影响评价、环境研究、环境管理人员的参考用书。

策划编辑 / 周　颖
责任编辑 / 徐知今
出版发行 / 华东理工大学出版社有限公司
　　　　　地址:上海市梅陇路 130 号,200237
　　　　　电话:021-64250306
　　　　　网址:www.ecustpress.cn
　　　　　邮箱:zongbianban@ecustpress.cn
印　　刷 / 常熟市华顺印刷有限公司
开　　本 / 787mm×1092mm　1/16
印　　张 / 8
字　　数 / 188 千字
版　　次 / 2016 年 9 月第 1 版
印　　次 / 2016 年 9 月第 1 次
定　　价 / 28.00 元

前　言

　　环境质量是环境对于人类生存适宜程度的描述。通常情况下,环境质量越好,越有利于人类的生存和发展。因此,高质量的生存环境已经成为当今人类追求的目标之一。与此同时,如何来描述环境质量的优劣(即环境质量评价),为环境保护和研究提供科学依据就成为本书要解决的首要问题。

　　环境质量评价是环境科学体系中出现最早、发展最快、最为成熟的一门独立学科。早在环境科学还没有成为一门独立学科之前,即在人们开始意识到环境污染会损害人类健康之时,就采用了一定的方法对环境质量状况进行测评,从而确定出环境质量与健康之间的内在关系。随后,在环境科学的发展进程中,环境质量评价始终是最先发展的学科。这是因为,它几乎是开展所有环境科学研究和进行各种环境保护工作必须使用,而且是最为重要的工具。尤其是在 20 世纪 70 年代末,世界各国都把环境影响评价作为各种工程建设和经济开发前必须进行的一项法律制度来执行,使环境质量评价工作上升到了一个新的高度。因此,环境质量评价无论是在理论上还是实际应用上都得到了快速发展。

　　随着人们环境保护意识的不断提高,我国各级政府自上而下相继设立了层层的环保机构,如从国家、省、市到县建立了四级环保局;各乡政府或大型企业都设有环境保护处(或办公室);还有许多环境保护科研机构和环境影响评价机构;以及几乎所有的大专院校也都设立有环境保护专业。近年来,从事环境保护工作的从业人数和在校生人数都在急剧上升,这就为环境质量评价技术的应用带来了前所未有的发展机遇和挑战。

　　自环境质量评价作为一门独立学科出现以来,国内外相继出版了许多专著和教材。不过这些书籍一是侧重于理论和方法的研究,至于应用方面的内容涉及较少;二是大多局限于环境影响评价,而有关环境质量现状评价的内容就比较少见。这对于环境专业的在校生和刚刚参加工作不久的环境保护工作者(非环评工作者),就不知道在环境质量评价过程中主要开展哪些具体工作,以及如何去开展环境质量评价。更为普遍的是,即便是学过了环评课,也不知道城市空气质量指数的来历(因现有的教材上并没有相关的内容)。另外,近年来又出现了一些新的评价理论、评价方法和评价内容,以及新的环境保护标准,对环境质量评价提出了新的要求,但是这些内容在现有的教材或专著中还没有得到充分的体现,这就给实际教学和从事环境保护工作带来一定难度。为此,作者根据多年从事环境质量评价工作的经验和体会以及近年来所取得的多项科研成果,参考最新出版的相关专著和文献,以及新颁布的环境标准,以实用为主线,编写了这本《实用环境质量评价》。限于篇幅,本书共分 6 章。首先介绍了环境质量评价的相关概念,为后续内容打下基础;接下来介绍环境质量评价经常涉及的环境标准体系、环境质量现状评价、环境影响评价,以及大气和地面水环境影响评价。书中除系统地介绍环境评价理论外,更侧重于评价方法的实际运用,同时还列举了一些实例,以便读者理解相关的内容。

作者

2016 年 3 月

目　录

第1章 总 论

1.1 环境及环境特征

1.1.1 环境及其分类

1. 环境的概念

"环境"就其字面含义可以看出它是由两部分构成的,一是"环"二是"境"。"环"是环绕或者围绕,环绕必须是以某一事物为中心;"境"是一个范围或者一个空间;两者的总称即为环境。那么,环境就是以某一中心事物为客体的和与中心事物直接相关的所有外部世界。这里的中心事物就是研究的对象,对象不同就具有不同的环境。譬如研究对象是生物,与生物有关的一切外部世界就构成了生物环境;如果研究的对象是人,而与人相关的一切外部世界就是人类的生存环境。关于环境的确切定义,我国在 1989 年颁布的《中华人民共和国环境保护法》是这样描述的,环境是指影响人类生存和发展的各种天然的和经过人工改造的自然因素的总体,包括大气、水、海洋、土地、矿藏、森林、草原、野生动物、自然保护区、风景名胜区、城市和乡村等。

如上所述,不同的研究对象即中心事物具有不同的环境,而研究对象是由研究的目的所决定的,因此,研究目的的不同所涉及的环境是不同的,环境质量评价就是对环境优劣的评定,这里的优劣是针对人类生存而言的,有利于人类生存就叫优,不利与人类生存的就叫劣。所以,环境质量评价所研究的环境是与人类生存相关的环境,即人类生存环境。由于人类生存环境是一个庞大的体系,因此有必要对其进行分类,以便于实际工作的开展。

2. 环境类型的划分

环境类型的划分是根据不同的划分依据进行的,即不同的划分依据可以划分出不同的环境类型。在环境质量评价中经常采用的划分依据主要有以下几种:

(1) 根据环境的自身属性

环境可以划分为:自然环境(由自然因素所构成的受自然规律支配的环境)和社会环境(由人类所构成的受人类所支配的环境)。

(2) 根据构成环境的要素(简称为环境要素)

环境可以划分为:大气环境、水环境、土壤环境、生物环境。环境要素是指构成环境的各个独立的、性质各异而又服从总体演化规律的基本物质组成,如空气、水、土壤、生物、岩石以及阳光等。

(3) 根据环境要素的层次结构

环境可以划分为:对流层环境、平流层环境、地表水环境(还可进一步划分为:河流水环境、湖泊水环境、水库水环境和海洋水环境等)、地下水环境(也可进一步划分为浅层地下水环境和深层地下水环境)、植物环境、动物环境和微生物环境等。

（4）根据研究范围的大小

环境可以划分为：局地环境、区域环境、全球环境和宇宙环境。

（5）根据人类活动的范围

环境可以划分为：居室环境、院落环境、村落环境、城市环境、工作环境、娱乐环境、生活环境等。

1.1.2　环境特征

环境与所有其他事物一样，具有自身的一些特点。要想对环境质量的优劣作出恰当的评价，了解和把握环境特点是必不可少的。从人类生存和社会发展的角度来考察和研究环境，我们可以把环境的特点归纳为以下几个方面。

1. 整体性和区域性

（1）整体性

所谓环境的整体性是指环境的各个组成部分和要素之间构成了一个完整的体系，这个体系向外界所显示的性质是均一的、特定的、整体的，环境的这个特征叫做环境的整体性。也就是说，在这个完整的体系内，各个组成部分是以一定的数量和相应的位置，以特定的方式联系在一起，形成了特定的结构。例如，在戈壁沙漠地区：地面布满卵石和沙粒，生物稀少，水分奇缺，空气干燥，风沙较大，一片荒凉等。而在平原地区：土地肥沃，生物种类繁多，空气湿润，人群密集，一片生机盎然等。再如：我国北方地区气候干燥，南方地区气候湿润，以及大陆、海洋、河流、土壤等各自都具有一个完整的系统，而这个系统内部都是由一定的数量、位置，以一定的方式联系在一起的。正因为数量、位置、组成方式的不同，才显示出各自具有不同的特征，或者各自具有不同的功能。另外，环境整体性还体现在某一环境要素的变化，导致环境整体质量的变化，最终影响人类的生存和发展，如燃煤排放 SO_2，引起大气环境污染，由此引发酸沉降，土壤及水环境酸化，水环境生态系统、农业生态系统破坏，农业生产的产量和品质下降。

需要指出的是：环境的整体性并不是系统内各个组成部分的功能之和，而是各个组成部分之间通过一定的联系方式所形成的结构及呈现出的状态所表现出来的。

（2）区域性

所谓环境的区域性是指在整体的环境中呈现出的局部性差异。例如，沙漠环境中的绿洲，地球环境中的陆地环境和海洋环境，陆地环境中的高山、平原、湖泊和河流，海洋中的滨海区、浅海区、深海区、表层海水、中层海水和深层海水等都是在整体环境中所显现出的局部或区域差异，正因为环境的这一局部差异才使环境具有区域性。

（3）环境整体性和区域性之间的关系

环境的整体性和区域性之间既有区别，又有联系，从范围上来讲，整体性包含着区域性，从性质上来看，两者具有鲜明的差异。例如：陆地上生存的人类，从总体上来看都是人类，或许都是来自于同一个祖先，都具有许多共同的特性，如结构功能等，不过不同的地区具有不同的特征，如草原人过着游牧生活，活动空间开阔，因此性情豪放；平原人过着稳定的生活，活动场所相对狭小，因此性情比较温和；城市人因人口密集见多识广，文化生活丰富，文化素质高；偏远的山村因人烟稀少，信息闭塞就显得不那么开明，生产生活方式比较原始；在非洲多为黑种人；在欧洲多为白种人；在亚洲多为黄种人，等等。环境的气候特征更能说明这一问题，如总体上显示出的大陆性气候,由于所处的纬度、海拔高度、距海洋距离的不同而显示出不同的温度和湿度,在此环境下生存的生物也显示出极大的差异,而这些差异也不是一成不变的,如北半球高纬度地区寒流南下引起低纬度地区气温下降;生态的破坏引起一个地区水土流失、气候干旱、土地沙化;温室气体的排放引起气候异常等。

需要指出的是,环境的整体性和区域性使人类在不同环境中采用了不同的生活方式和发展模式,并形成了不同的文化。

2. 变动性和稳定性

辩证唯物论者认为,世界是由物质组成的,物质是在不停地变化的。环境世界同样具有变动性,所谓的变动性是指环境在自然的、人为的,或两者共同的作用下,其内部结构和外在状态始终处于不断变化之中。例如:地壳的升降使海陆发生迁移;环境污染改变了环境的物质组成;生态破坏引起土地沙化、水土流失等,都显示出环境始终处于不断的变化之中。需要指出的是,环境的变化无论是自然因素引起的还是人为因素引起的,都具有突发性和漫长性,如山洪的暴发,火山的喷发,核(或有毒气体)的泄漏,疫情的出现等均属于突发性的环境变化,而低浓度污染物的排放所引起的环境污染就属于一种缓慢的变化过程;另外,环境的变化还具有有利变化和不利变化的区别,如生态恢复引起的环境变化是朝着有利于人类生存方向变化的,而环境污染引起的环境变化是一种不利的变化。

所谓环境的稳定性是指环境系统变动具有一定的自我调节功能的特性,也就是说环境在自然因素或人类活动的影响下,其结构、状态和物质组成不会发生根本性的变化,或者说这种变化是暂时的、小尺度的,在环境自身功能的作用下这种变化可以恢复到原来的水平,不过这种变化不能超过一定的限度,即环境的自我调节限度,否则,环境的这种变化就难以恢复,这时环境的稳定性就遭到破坏。例如:排入水体中的废(污)水污染物的数量,只要不超过水体的自净能力,这些污染物在水体的自净作用(物理的、化学的、生物的)影响下,会逐渐消失或转化,水体就不会发生污染;反之,如果向水体大量排放污染物,其数量超出了水环境的自净能力,这时水体环境就会发生污染。

环境的变动性是绝对的,而稳定性是相对的,变动性与稳定性是相辅相成的。前述的"限度"是决定能否稳定的条件,而这种限度由环境本身的结构和状态决定。目前的问题是由于人口快速增长,工业迅速发展,人类干扰环境和无止境的需求与自然的供给不成比例,各种污染物与日俱增,自然资源日趋枯竭,从而使环境发生剧烈变化,破坏了其稳定性,即环境变化的限度远远超出了环境的稳定性的范围,从而引起环境的破坏。环境的这一性质与弹簧的特性极为相似,即弹簧在弹性形变范围内,其形变可以恢复原状,否则,就不能恢复原状。

3. 资源性与价值性

环境在其漫长的发展过程中创造了人类,并且为人类的生存和发展提供了丰富的有形的物质基础(食物、空气和水)和无形的生存空间以及丰富多彩的精神财富(优美的自然景观),也就是说,环境是人类社会生存和发展的必不可少的投入,因此,环境本身就是资源,环境资源包括空气资源、生物资源、矿产资源、淡水资源、海洋资源、土地资源、森林资源等。这些资源均是属于物质性的。

除此之外,环境还为人类提供了美好的自然景观,例如,桂林山水甲天下、锦绣河山、夕阳无限好、无限风光在险峰、千里冰封、万里雪飘、好一派北国风光等。广阔的空间,优美的大自然是另一类可满足人类精神需求的资源。

环境具有资源性，当然就有其价值性。人类的生存和发展、社会的进步，一刻也离不开资源，这就说明了环境的价值性。不过这里的价值性，有些是可以用金钱来衡量的，而有些是无法用金钱来衡量的。

对于环境的价值性，这是一个如何认识和评价的问题。从历史方面看，最初的人们从环境中取得物质资料，满足了生产和生活需要。这是自然的行为，对环境造成的影响也不大。在长期的观念侵蚀下，形成了环境资源是取之不尽、用之不竭的信念，即环境无价值之说。随着人类社会的发展进步，特别是在二次革命以来，人类在各方面都得到了突飞猛进的发展，随之对环境的压力也越来越大。资源的枯竭，环境的污染，危害着人类的健康。人们开始认识到环境价值的存在。例如，我国城市生活用水，过去人口少水资源丰富，可以不受限制地任意使用，但是后来缺水问题就比较明显，特别是现在水问题就更加突出。从自来水的收费上就可以看出这一问题，在过去用水不要钱，后来几分钱一吨水，再后来几角钱一吨，现在每吨水几元钱，将来有可能十几元甚至几十元一吨水。

环境的以上这些特征，告诉了人们如何与之生存的环境保持协调发展，如何利用、改造、保护环境。在环境质量评价过程中，充分认识环境的这些特征，具有十分重要的现实意义和指导意义。

1.2　环境质量及评价

1.2.1　环境质量

1. 概念

环境质量一般是指在一个具体的环境内，环境的总体或环境的某些要素，对人群的生存和繁衍以及社会经济发展的适宜程度（适宜程度越高，表明环境质量越好），它是反映人类的具体要求而形成的对环境评价的一种概念。简而言之，环境质量就是指环境对人类生存的适宜程度。

2. 环境质量的类型

环境质量类型的划分通常有以下两种。

（1）根据环境类型进行划分

与环境类型相对应的是，不同的环境类型对应着相应的环境质量类型，主要有自然环境质量和社会环境质量。自然环境质量又分为物理的、化学的和生物的。物理环境质量是指周围物理环境条件的好坏，自然界气候、水文、地质、地貌等条件的变化，自然灾害、地震及人为的物理过程，如热污染、噪声污染、微波辐射、地下水开采引起的地面下沉等；化学环境质量是指化学环境条件的好坏，如环境的物质组成、元素含量等。生物环境质量则是指生物群落的组成、结构、功能和质量。如果按构成自然环境的要素来划分，自然环境质量又可分为大气、水、土壤、生物等环境质量。社会环境质量则包括经济的、文化的、美学的和治安的等方面内容。

（2）根据环境质量的优劣进行分类

在环境质量评价过程中，通常采用的环境质量分级，如优（一级）、良（二级）、一般（三级）、轻污染(四级)、重污染(五级)。

1.2.2　环境质量评价

1. 概念

关于"质量评价"对于每一个人来说,都十分熟悉,这是因为在我们的日常生产和生活中每时每刻都在进行着,例如:购物,首先要判断一下,需要购买物品的价格、品质、性能如何,然后再决定购买与否;再如饮食,在食用前要对食物进行色、香、味,以及对健康是否有好处进行判断后,再决定是否食用,在食用时还要通过味觉判断一下是否好吃,最后才决定是否继续吃以及吃多少;在生产过程中更是如此,从原材料进厂、到产品出厂,每时每刻都在进行着质量评价。

环境质量评价就是对一定区域内环境质量的优劣进行定量的或定性的描述。

所谓定量描述就是采用一定的方法,把组成环境的最小单位(环境因子)转化为具体的数值,然后按照一定的评价标准(或背景值)和评价方法,对其质量的优劣进行说明、评价和预测。这是环境质量评价中经常采用的比较可靠的评价方法。

所谓定性描述,就是对那些无法转化或没必要转化为具体数值的指标(因子),凭直觉或某些现象进行粗略性的或估计性的评定。在进行初期环境质量评价过程中,或者是要求不高的环境质量评价中经常采用这种评价方法。

在地学等科学领域里,对一定区域的自然环境条件或某些自然资源(如矿产、水源、土壤、气候、林地等)本来就有评价的传统,这也属于环境质量评价的范畴。不过在环境污染和生态平衡破坏日趋严重的今天,环境质量评价已经具有新的含义。环境质量评价是环境保护工作者了解和掌握环境的重要手段之一,是进行环境保护、环境治理、环境规划以及进行环境研究的最基本的工作和重要的依据。因此,掌握环境质量评价技术,对于环保工作者来说,具有十分重要的意义,并且是必须具备的。

一个好的环境质量评价要把握这么几个关键:正确地认识环境,分解构成环境的因子;选择评价因子;正确地获取评价因子的性状数值;选择恰当的模式进行归纳和综合;将定量化的数据转化为定性的语言。

2. 环境质量评价的类型

环境质量评价是一门多学科多门类的综合性学科(自然的、社会的和经济的),它涉及的范围广(农业、工业、交通、科研、生活等),实用性强,评价的方法、评价的目的多。因此产生了多种多样的环境质量评价类型。

(1) 按评价的时间划分

即对某一具体环境在某一具体时间段的环境质量优劣进行评定。①对某一环境在过去某一时间段的质量优劣进行评定就叫环境质量回顾性评价;②对某一环境现在的质量优劣进行评定就叫环境质量现状评价;③对某一环境将来某一时间段的质量优劣进行评定就叫环境质量预断评价。

① 环境质量回顾性评价

就是根据历史上积累下来的资料对一个区域过去某一历史时期的环境质量进行追溯性(回顾性)的评价。这种评价可以揭示出区域环境质量的变化过程,推测今后的发展趋势。但是这种评价往往受历史资料的限制,而不能进行准确可靠的评价,因此,这种评价具有很大的局限性。并且在日常工作中进行的比较少。

② 环境质量现状评价（经常简称为现状评价）

一般是根据最近 2～3 年的环境监测结果和污染调查资料对一个区域内环境质量的变化及现状进行评定。它可以反映环境质量的目前状况，为区域环境污染的综合防治、环境规划、环境影响评价提供依据。这是环境保护工作者经常开展的一项工作。

③ 环境质量预断评价

是根据目前的环境条件、社会条件及其发展状况，采用预测的方法对未来某一时间段的环境质量进行评定。例如，某一地区目前的环境质量状况为一般，根据它的环境条件、社会、经济、人口等发展的趋势推断出到 2020 年或者到 2030 年的环境质量状况。

另外，如果对人类未来或即将实施的某项活动（工程、计划、规划、政策、战略等），会对环境质量变化产生何种影响、影响的程度有多大进行评定，从时间上来看该评价属于预断评价的范畴，但从评价的实质上来看，它又与之有很大的差别。前者是根据目前的环境条件和社会条件以及发展的趋势，采用推断的方法对未来某一时段的环境质量进行预测；后者除了要考虑环境条件、社会条件及其发展趋势之外还要考虑人类活动本身对未来环境的影响。因此两者有着质的差别。这就是人们所熟知的环境影响评价，这也是本学科的重点内容之一。

（2）根据构成环境的要素划分

构成环境的要素主要有大气、水（河流、湖泊、水库、海洋和地下水）、土壤、生物等。环境质量评价既可对这些环境要素分别进行评价，叫作单要素环境质量评价；也可以对整体环境质量进行评价，即环境质量综合评价。

① 单要素评价是指对组成环境的单个要素进行评定，如大气环境质量评价、水环境质量评价、土壤、生物、噪声、生态等环境质量评价。

② 环境质量综合评价是指对一定区域的环境总体状况进行综合性的评价，该评价一般是以单要素评价为基础，然后通过一定的数学方法进行归纳或综合而完成的。

（3）根据构成环境要素的环境因子划分

所谓的环境因子就是指构成环境要素的最小物质单元。对单个环境因子的评价叫单因子评价；对多个环境因子的评价叫做多因子评价或者多因子综合评价。

① 单因子评价：是将参与评价的因子分别与评价标准进行对比，然后计算超标倍数、超标范围、超标率等指标，据此判定环境质量的优劣。这种评价简单易行，能较明了而准确地反映环境质量状况，是我国环境评价工作者经常用的方法。

② 多因子综合评价：是将能反映环境质量优劣的、参加评价的因子（经过一定处理后）代入到一定的评价模式中，得出综合指数，然后与环境质量分级标准相比较，从而确立出环境质量的优劣。这种评价方法计算较为复杂，评价模式的类型较多。目前应用较多的是城市空气质量评价、水环境质量评价。

（4）根据评价范围的大小划分

根据评价范围可分为居室环境质量评价、住宅小区环境质量评价、厂区环境质量评价、城市环境质量评价、区域环境质量评价、矿区环境质量评价、流域环境质量评价、海域环境质量评价、全球环境质量评价、宇宙环境质量评价等。

(5) 根据评价对象的性质划分

环境质量评价可分为：自然环境质量评价、社会环境质量评价、农业环境质量评价、交通环境质量评价、工程环境质量评价、风景游览区环境质量评价、名胜古迹环境质量评价等。在实际工作中具体采用哪一种环境质量评价，这要由评价目的、评价要求来决定。

1.3　环境质量评价的发展

环境质量评价作为一门学科，就像任何其他学科一样，具有一个酝酿、产生、发展的过程。由于环境问题的出现在时间上具有地区性差异，使得环境质量评价的发展也具有不均衡性。例如，发达国家最先实现了工业化，环境问题出现得早，环境质量评价开始得早，发展迅速，评价方法相对成熟；发展中国家工业化进程至今尚未完成，环境问题出现得比较晚，环境质量评价相对滞后。

1.3.1　国际环境质量评价发展状况

纵观国际环境质量评价的历史，大致可分为如下几个阶段。

第一阶段(酝酿)：20世纪50年代以前，环境问题仅出现在少数工业比较集中的发达国家和地区，使人们初步品尝到了环境污染所带来的苦果(如震惊世界的八大公害事件)，同时也给人们提出了重要的研究课题。环境污染与人体健康有没有必然的联系，相关程度如何。这就要求人们去了解环境质量状况，要求人们思考如何了解，了解什么内容，这就属于环境质量评价的范畴，也可以说是环境质量评价的酝酿阶段。

第二阶段(产生)：进入20世纪50年代，环境污染程度加剧、范围扩大，公害事件接连不断发生，使人们充分认识到环境质量的优劣直接关系到人类的健康和生存，把握环境质量的好坏已迫在眉睫，从而出现了以环境化学分析结果为基础的环境质量评价，即环境质量评价的初级阶段(第二阶段)，本阶段主要采用单要素(如大气环境、水环境)单因子的评价方法，即通过环境中某些污染物浓度相对于背景值或本底值的高低来判定环境质量的好坏。

第三阶段(发展初期阶段)：进入20世纪60年代，环境质量评价无论是在方法上，还是在理论上都有较大的发展，评价方法除了单因子单要素评价外，还出现了多要素多因子的综合评价，评价理论引入了扩散理论，环境质量评价初步成为环境科学的一个重要分支。该阶段可以看作是环境质量评价发展的理论形成阶段。

第四阶段(发展鼎盛阶段)：自20世纪70年代中期到80年代末，环境质量评价已发展成为多角度、多科学、多手段的评价。例如，除采用传统的化学指标进行单要素或多要素评价外，还出现了采用物理的、生物的、经济的、风险的等方法对环境质量进行评价，评价模式多达一百多种。评价的环境要素由最初的大气环境、河流环境、土壤环境、声环境，到地表水环境、地下水环境，生态环境、风景游览区环境；评价的性质由最初的现状评价发展到环境影响评价，影响评价由最初的工程环境影响评价发展到决策环境影响评价；评价范围由最初的局地环境评价到区域环境评价；对环境质量及其评价的重视程度，由原来的少数发达国家扩大到发展中的国家；把环境质量评价作为一个国家的一项法律制度来执行，由最初的少数几个国家发展到几十个国家。

第五阶段(成熟阶段)：自20世纪90年代以来，环境质量评价已经进入成熟时期，其主要标志为,环境质量评价从可持续发展、环境容量、清洁生产的战略性角度出发来研究环境质量的优劣;全球对环境的价值观念已发生了质的改变,许多国家已把环境作为一种有价值的资源推向市场。

1.3.2 中国环境质量评价的发展状况

中国是一个发展中国家,工业化程度比较低,环境问题出现的时间比发达国家要晚,环境质量评价也不例外。中国环境保护工作的提出最早是在 20 世纪 70 年代的中后期,真正的实施还是在 80 年代以后的事情。环境质量评价工作同样是在这一时期开展的。

起步阶段:20 世纪 80 年代,我国的环境问题日益突出,在国际环境保护形势的影响下,中国的环境保护工作也从无到有,由小到大,上至中央下到地方各级政府都十分重视,我国把环境保护作为一项基本国策提到议事日程上来做,1979 年提出环境保护法试行案,1989 年把环境保护法作为一部正式法律,其中规定了环境影响评价制度。专业环境评价队伍迅速扩大,并实施了环境评价单位资格认证制度;评价方法除引进国外先进方法外,也创立了自己的评价方法。并由最初的化学指标评价发展到生物指标评价、经济学评价、风险评价等。评价对象由最初的大气、河流水环境,扩展到其他水环境、土壤、噪声等。评价范围越来越大,"六五"期间(1980—1985 年)全国完成大中型建设项目环境影响评价报告书 445 项;"七五"期间(1986—1990 年)全国共完成大中型项目环境影响评价 2 592 个,是"六五"项目数量的近六倍。评价的项目多集中在工程建设上。

20 世纪 90 年代至今是我国环境评价的提高阶段,主要标志有:①环境评价制度更加健全,如 2001 年出台的《环境评价法》,相继又出台了多项有关环境评价的法律(规);②对环评单位继续进行认证制度,国家环保总局于 1999 年 4—6 月对原持证单位进行了重新考核,对环评人员也采取了全国性的培训,并实行了上岗资格认证制;③评价方法采用了洁净生产评价和污染总量控制评价;④评价对象增加了固体废物评价、区域综合评价、政策法规评价、公众参与评价、生态环境影响评价等;⑤评价工作逐步进入规范化阶段,1993 年原国家环保总局发布了《环境影响评价技术导则》(总纲、大气环境、地面水环境);1996 年发布《辐射环境保护管理导则、电磁辐射环境影响评价方法与标准》,《环境影响评价导则》(声环境),《火电厂建设项目环境影响报告成编制规范》;1998 年发布了《500 kV 超高压送变电工程电磁辐射环境影响评价技术规范》;1999 年发布了《工业企业土壤环境质量风险评价基准》。

进入 21 世纪,我国环境质量评价已经步入规范化阶段,先后发布了 830 多部环境标准,见表 1-1。这为环境质量评价提供了有利的工具,从而保证了评价工作的可靠性和准确性。

表 1-1 进入 21 世纪(2000—2015 年间)中国环境标准状况

环境要素	标准类型	数量/部
水环境	地面水环境质量标准	1
	水污染物排放标准	54
	水监测规范、方法标准	102
	相关标准	24

续表

环境要素	标准类型	数量/部
大气环境	大气质量标准	3
	大气污染物排放标准	55
	监测规范、方法标准	85
	相关标准	20
声环境	声环境质量标准	1
	环境噪声排放标准	7
	噪声监测规范、方法标准	11
土壤环境	土壤环境质量标准	4
	土壤监测规范、方法标准	19
固体废物	固体废物污染控制标准	23
	危险废物鉴别标准	8
	固体废物监测方法标准	7
	其他相关标准	17
放射性	放射性环境标准	4
	监测方法标准	2
生态	生态技术规范、标准	16
其他	清洁生产标准	58
	环境影响评价技术导则	18
	环保验收技术规范	16
	环境标志产品技术要求	114
	环境保护产品技术要求	82
	环境保护工程技术规范	68
	环境保护信息标准	20
	其他	23
合计		838

第2章 环境标准

2.1 概 述

2.1.1 环境标准的概念

环境标准是有关控制环境污染，保护环境的各种标准的总称，是由政府制定的强制性法规。它是为保护人群健康、社会物质财富和维持生态平衡，根据国家环境政策和法规，在综合分析自然环境特征、生物和人的忍受力、控制污染的经济能力和技术可行性的基础上制定的，经有关部门批准，并赋予法律效率的技术准则。

总之，环境标准可定义为：为保护人群健康，维护生态良性循环和社会经济可持续发展，对环境中污染物（或有害因素）水平及其排放源所规定的限量阈值或技术规范。

2.1.2 环境标准的作用

1. 环境标准是进行环境保护工作的技术规范

环境标准是一定时期内进行环境监测、监督、评价、管理的重要依据。在日常的环境保护工作中，如何开展工作以及工作的内容、工作的要求、工作的程序，环境标准中一般都给出了具体的规定。因此环境标准是环保工作者的工具，没有它，任何一项工作都无法进行，也可以说没有环境标准，环保工作也就成了无源之水、无本之木。

2. 环境标准是环境执法的尺度，是执行环保法的基本手段

1972年联合国人类环境会议通过的《人类环境宣言》关于各国应当制定保护环境的政策、法律和标准的原则要求，有力地推动了我国环境保护法规的制定。我国陆续制定了如《中华人民共和国草原法》《中华人民共和国水法》《中华人民共和国大气污染防治法》《中华人民共和国水污染防治法》《中华人民共和国噪声污染防治法》等法律法规。这些法律法规如何去运作，以及判断在什么情况下违反了环保法规，这就需要用环境标准来衡量。这是因为：环境标准是用具体数字来体现环境质量和污染物排放应控制的界限尺度，超出了这个界限，就污染了环境，就违犯了环保法。环境法规的执行过程与环境标准的实施过程有着紧密的联系，如果没有环境标准，这些法规将难以具体执行。据统计，世界上已制定环境标准的国家有87个，其中一半以上国家的环境标准是法制性标准。

3. 环境标准是制定环境规划、确定环境目标的定量化依据，是推动科技进步的动力

保护人群健康、维护生态良性循环和社会物质财富不受损害，都需要将环境质量维持在一定的水平上，这种环境质量水平就是环境质量标准中所规定的界限。环境标准是一定时期内环境政策目标的具体表现，是制定环境规划、计划的重要手段。而制定环境规划需要一个明确的目标（环境目标），而这个目标就是依据环境质量标准提出的。制定经济计划需要生产指标，制定环境保护计划也需要一系列的环境指标，环境质量标准和按行业制定的与生产工艺、产品产量相联系的污染物排放标准就是能起这种作用的指标。有了环境质量标准和排放

标准,国家和地方就可据此制定控制、改善环境的规划和计划,也就便于将环境保护工作纳入国家经济、社会发展计划中,环境标准对制定环境规划、计划的作用可用图 2-1 来说明。

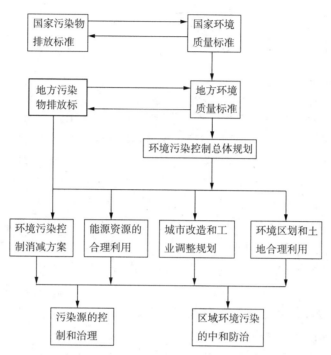

图 2-1　环境标准对制定地区环境规划与计划的作用

2.1.3　环境标准的发展状况

环境标准如同其他所有事物一样,都有一个从无到有,由简单、粗略到详细、严格的发展过程。它是随着环境问题的产生而出现、随着社会进步人类生活水平以及环境意识的提高而发展的。开始是从污染严重的工业密集地区制定条例、法律和排放标准,逐渐发展到国家规模。标准的种类和性质同样也经历了由少到多,有单一控制污染物的排放发展到全面控制环境质量的过程。标准的形式也由单一的浓度控制发展到包括总量控制在内的多种形式。

1. 国外环境标准的发展状况

环境标准最早是与管理条例、法令相结合出现的。如英国 1863 年制定的《碱业法》中对工厂硫酸雾、二氧化硫、硫化氢等大气污染物的排放量作了规定。1847 年的《河道法令》中有禁止任何污染物排入作为公共饮用水源的河流、水库或供水系统的条款。美国于 1887 年规定了污水排放量和河水流量的稀释比为 1∶25。

然而,把环境标准作为控制环境污染的有力手段还是 20 世纪 50 年代以后的事。50 年代以来,由于现代工业的大力发展,排放污染物的种类和数量不断增加,环境污染日益加剧,一些工业发达国家和地区先后出现了震惊世界的公害事件,于是环境标准就随着环境污染控制条例和法规的出现而发展起来。

美国从 20 世纪 40 年代开始就制定了控制大气污染的地方性的法规和标准,到 60 年代,各州制定了有关汽车和燃煤、燃油等污染源的排放标准。1970 年美国国家环保局成立后,提出要制定全国性的大气环境质量标准,颁布了全国主要空气污染物的大气质量标准。

　　日本首先是在工业密集地区制定公害防治条例和排放限制标准,如1949年的京都公害防治条例,1950年、1951年、1955年的大阪、神奈川县、福冈县的公害防治条例。由于日本重工业、化学工业的飞速发展,环境污染成为全国性公害,于是在1962年各地区制定的法律和标准的基础上,制定了第一部国家级法律——关于控制煤烟排放的法律,其中规定了煤烟和硫氧化物的排放标准。1967年制定了日本公害对策基本法,提出了必须综合解决环境问题,规定要制定水、大气、土壤、噪声等环境标准。1968年首次制定了二氧化硫的大气质量标准;1970年制定了一氧化碳大气质量标准;1972年制定了飘尘和氮氧化物大气质量标准;1973年完成了现在仍在使用的五个污染物大气质量标准。环境标准的出现,推动了更加严密的排放标准的制定。日本60年代采用浓度法的排放标准,缺点是无法控制发生源的数量和污染物排放总量。60年代后期和70年代初期对二氧化硫和氮氧化物在部分地区采用总量控制法,总量控制法克服了浓度控制法的缺点,使以浓度计量的排放标准更加完善。它以环境质量标准为依据,明确了各污染源削弱污染物排放的责任,因而能保证实现环境质量标准。

　　英国制定的大气质量标准是运用强化排放标准和有关法令的办法控制污染;法国没有全国性的水质标准,而是按国内6条河流分水系管理,采用强化排放收费的办法控制污染。随着科学技术的发展,环境标准的种类和数量越来越多,国际标准化组织(ISO)在1972年成立了水质、空气质量、土壤质量等3个技术委员会,制定基础标准和方法标准,以统一各国环境保护工作中的名词、术语、单位和取样、监测方法等。

　　2. 我国环境标准的发展状况

　　我国环境标准是为控制人们的生产和生活活动造成的环境污染而制定,是与我国环境保护事业同步发展起来的。为了控制和预防环境污染加剧,首先制定了一些以保护人体健康为目标的环境标准。如1956年的《工业企业设计暂行卫生标准》,1959年的《生活饮用水卫生规程》,1963年的《污水灌溉农田卫生管理试行办法》等。后来认识到只有环境质量标准还不够,必须要有控制工业"三废"的排放标准,1973年8月经第一次全国环境保护工作会议审定颁布了我国第一个环境标准《工业"三废"排放试行标准》。1979年颁布的《中华人民共和国环境保护法(试行)》,使环境标准有了法律依据和保证,成为环境法规的重要部分。

　　1981年开始,《地面水环境质量标准》《污水综合治理排放标准》和《排污收费标准》先后制定,加强了标准的配套,并按功能分类分级,对过宽的和不宜执行的行业排放标准进行了调整;制定了水质浓度指标和水量指标,加强了对水质和排污总量的双重控制。

　　1991年针对排放标准的时效问题和重点污染源的控制问题,进一步明确了排放标准的时效限制,综合排放标准及行业排放标准并行的原则,着手制订重点污染行业污染物排放标准。

　　我国建立国家环境标准的同时,积极参加了国际标准化组织(ISO)的活动。自1980年以来,陆续加入了ISO的水质、空气质量、土壤质量等三个技术委员会,建立了日常工作制度和国际标准草案投票验证工作,并等效采用国际标准29项,同时,先后派出十多个团、组参加有关会议和考察。

　　随着科学技术水平、人们生活质量和对环境质量要求的不断提高,环境标准也在不断地修改、完善、发展和提高,如环境空气质量标准GB3095,首次发布于1982年,1996年第一次修订,2000年第二次修订,2012年第三次修订。以后还将有新的标准产生,旧有的不合时宜的标准也在不断淘汰(表2-1)。

表 2-1　目前已被替代的环境标准

环境要素	标准类型	数量/部
水环境	质量标准	1
	排放标准	12
	方法标准	31
	基础标准	2
大气环境	质量标准	1
	排放标准	20
	方法标准	47
	基础标准	1
声环境	质量标准	4
	排放标准	1
	方法标准	5
土壤环境	方法标准	1
固体废物	控制标准	17
	方法标准	6
	基础标准	1
辐射	排放标准	1
	方法标准	2
	其他	3
合计		156

目前我国现行环境标准有 1 119 部(表 2-2),已经形成了种类齐全、结构完整的环境标准体系。

表 2-2　中国现行环境标准统计

环境要素	环境标准类型	数量/部
水环境	水环境质量标准	5
	水污染物排放标准	63
	方法标准	184
	其他	25
大气环境	大气环境质量标准	6
	大气污染物排放标准	68
	方法标准	157
	其他	19

续表

环境要素	环境标准类型	数量/部
噪声与振动	声环境质量标准	3
	噪声排放标准	10
	方法标准	17
土壤环境	土壤环境质量标准	5
	方法标准	27
固体废物	固体废物污染控制标准	27
	危险废物鉴别标准	8
	方法标准	20
	其他	26
辐射	放射性环境标准	22
	电磁辐射标准	1
	方法标准	36
	其他	4
生态	生态环境保护标准	35
其他	清洁生产标准	58
	环境影响评价技术导则	23
	环保验收技术规范	16
	环境标志产品技术要求	114
	环境保护产品技术要求	84
	环境保护工程技术规范	68
	环境保护信息标准	22
	其他	34
合计		111 9

2.2 环境标准体系

2.1.1 环境标准分类

经过多年的研究和发展,我国已经形成了一个比较完整的环境标准体系,大致可以概括为三大类:国家环境标准、地方环境标准、环境保护行业标准。

1. 国家环境标准

是由环境保护部科技标准司组织制定,环境保护部、质量监督检验检疫总局联合发布,在全国范围内统一使用的标准。

国家环境标准由环境质量标准、污染物排放标准（或控制标准）、环境监测方法标准、环境标准样品标准、环境基础标准五部分组成。其中,环境质量标准和排放标准是环境标准体系中的主体和核心,方法标准、样品标准和基础标准是主体标准的支持系统。

国家环境标准还可分为:强制性环境标准和推荐性环境标准。强制性环境标准是环境质量标准、污染物排放标准和法律法规规定的必须执行的环境标准,超标即违法。强制性标准之外的其他环境标准属于推荐性标准,国家鼓励采用推荐性环境标准。

2. 地方环境标准

是对国家环境标准的补充和完善,它是由省(市)、自治区环保局根据当地条件和环境特征,对国家环境质量标准、污染物排放标准中未作规定的项目进行补充,对国家环境质量标准、污染物排放标准中已作规定的项目进一步严格要求而组织制定,并由省(市)、自治区政府批准,仅在本地区实行的环境质量标准和污染物排放标准。

3. 环境保护行业标准

也有人称之为环境保护部标准,它是针对全国环境保护行业,为环境管理工作的规范化、标准化而制定的技术规范,如城市环境质量综合考核指标、环境影响评价与三同时验收技术规定、固体废物管理技术要求、大气水污染物排放总量控制技术规定、执行各项环境管理制度、检测技术、环境区划、规划的技术要求、规范、导则等。

4. 国家环境标准与地方环境标准之间的关系

在制定标准时,地方环境标准严于国家环境标准;在执行标准时,地方标准要优先于国家标准。

2.2.2　环境质量标准

环境质量标准是为保障人民健康、维护生态良性循环和社会经济可持续发展对环境系统中有害物质和因素所作的限制性规定。它是环境管理、环境规划、环境评价的依据,也是国家环境规划目标和技术经济政策的具体体现。

我国一直很重视环境质量标准的制定。从 1979 年《中华人民共和国环境保护法》(试行)颁布之后,先后颁布了《水环境质量标准》《大气环境质量标准》《噪声环境环境质量标准》《土壤环境质量标准》,到目前为止我国已颁布各种环境质量标准近 20 部。

我国环境质量标准的特点:按环境功能分区,制定相应标准,标准值与环境要素的使用功能紧密联系、分类保护,不同功能区执行不同的标准值,体现出"高功能区高保护,低功能区低保护"的原则。标准的实施有明确的阶段性,分期实现不同的环境目标。

2.2.3　污染物排放标准

污染物排放标准是指为实现国家或地方的环境质量目标,对污染源排放的污染物进行控制所规定的允许排放水平。即对排入环境中的污染物或有害因素的种类、最高允许排放量和排放浓度所规定的限值。它是根据环境质量目标和技术经济条件等综合因素制定的,是环境保护目标、污染控制、技术经济政策的具体表现,是对污染源进行管理的依据。

我国自 1979 年以来,已制定了数百个行业中数百个污染物排放标准。它是由国家环保部组织制定的全国通用的控制工业生产及其产品设备排放污染物的限制标准。

由于排放标准数量多,涉及行业广,为使用方便,有必要对其进行归纳和分类:

1. 根据污染物的产生机理进行划分

(1) 生产工艺污染物排放标准，是指对工业生产过程中所排污染物进行控制的标准。如:造纸工业水污染物排放标准,水泥厂大气污染物排放标准。

(2) 产品设备污染物排放标准,主要针对工业产品或设备在运用中所排污染物进行控制的标准,如汽车尾气、锅炉烟尘排放标准等。

2. 根据控制方式进行划分

(1) 浓度标准

该类标准是规定企业或设备的排放口排放污染物浓度不超过某一限值。例如《污水综合排放标准》。浓度标准的优点是简单易行,只要监测排污口总浓度即可;缺点是容易忽略浓度低但绝对排放量大的污染源,从而使某些企业采用稀释手段来钻标准的空子。

(2) 地区系数法标准

是根据环境质量目标、地区的自然条件、环境容量、性质、功能、工业密度等,规定不同的系数,以控制污染源排放的方法。如日本为控制大气中 SO_2 的点源排放,对各地规定了不同的 k 值系数,并用公式: $q=k \times H_e^2 \times 10^{-3}$ 来衡量各点源排放 SO_2 的数量是否超标。

式中 H_e——点源有效高度,m;k——根据环境质量标准,大气扩散模式计算出来的系数。并且为逐步实现环境质量目标,k 值可以一年或几年改变一次。在日本,k 值被列入了大气污染防治法。

[例 2-1]   日本某地区有五个高架点状污染源,各源有效源高和 SO_2 的实际排放量分别为:$H_{e_1}=213$ m,$\Phi_1=400$ m³/h;$H_{e_2}=149$ m,$\Phi_2=110$ m³/h;$H_{e_3}=102$ m;$\Phi_3=35$ m³/h;$H_{e_4}=50$ m,$\Phi_4=15$ m³/h;$H_{e_5}=40$ m,$\Phi_5=210$ m³/h。日本大气污染防治法中规定该地区的 k 值为 11.5。试根据 k 值,判断上述哪个污染源属于超标排放。

解:根据 $q=k \times H_e^2 \times 10^{-3}$ 计算出各污染源允许排放量分别为:

$q_1=11.5 \times 213^2 \times 10^{-3}=521.74$ m³/h

$q_2=11.5 \times 149^2 \times 10^{-3}=225.31$ m³/h

$q_3=11.5 \times 102^2 \times 10^{-3}=119.65$ m³/h

$q_4=11.5 \times 50^2 \times 10^{-3}=28.75$ m³/h

$q_5=11.5 \times 40^2 \times 10^{-3}=18.40$ m³/h

将计算结果与排放量相比较,发现只有第五个污染源的实际排放量超出了允许排放量。

我国环境保护工作者,在总结国内外制定污染物排放标准经验的基础上,建立了与日本 k 值法类似,但有所改进的 P 值法,并且不同的污染物计算方法(模式)不同;

① SO_2 污染物 P 值法排放标准:$Q=P_{Ki} H_e^2 \times 10^{-6}$ (2-1)

式中,Q 为 SO_2 排放量,t/h;$P_{Ki}=\beta_{Ki} \times \beta_K \times P \times C_{Ki}$ 其中各符号的意义及其数值的确定见 GB/T13201—91,P 值见表 2-2。H_e 为排气筒有效高度,m。

② 颗粒污染物 P 值法排放标准:$Q=P_c H_e^2 \times 10^{-6}$ (2-2)

式中的 Q——颗粒物排放量,t/h;P_c 为烟尘排放控制系数,按所在行政区及功能区查表 2-3;H_e 为排气筒有效高度,m。

表 2-2　我国各地区总量控制系数 A、低源分担率 a、点源控制系数 P 值

地区序号	省(市)名	A	a	P	
				总量控制区	非总量控制区
1	新疆、西藏、青海	7.0~8.4	0.15	100~150	100~200
2	黑龙江、吉林、辽宁、内蒙古(阴山以北)	5.6~7.0	0.25	120~180	120~240
3	北京、天津、河北、河南、山东	4.2~5.6	0.15	100~180	120~240
4	内蒙古(阴山以南)、陕西(秦岭以北)、山西、宁夏、甘肃(渭河以北)	3.5~4.9	0.20	100~150	100~200
5	上海、广东、广西、湖南、湖北、江苏、浙江、安徽、海南、台湾、福建、江西	3.5~4.9	0.25	50~100	50~150
6	云南、贵州、四川、甘肃(渭河以南)、陕西(秦岭以南)	2.8~4.2	0.15	50~75	50~100
7	静风区(年平均风速小于 1 m/s)	1.4~2.8	0.25	40~80	40~90

表 2-3　点源烟尘 P_c 值

地区序号[1]	一类功能区	二类功能区	三类功能区
1	5	15~20	25~50
2	6	18~25	30~50
3	6	15~25	30~50
4	5	15~20	25~50
5	2.5	7.5~15	12.5~38
6	2.5	7.5~10	12.5~25
7	2	6~9	10~23

注:[1] 地区号同表 2-2

③ 其他有害气体 R 值法排放标准

当排气筒高度大于 15 m 时,有害气体的允许排放量为:$Q=R\,C_m K_C$　　　　　(2-3)

式中,Q 为有害气体排放量,kg/h;C_m 为标准浓度限值,mg/m³;R 为排放系数,见表 2-4;K_C 为地区经济技术系数,取值为 0.5~1.5,发达地区取上限,落后地区取下限。

表 2-4　排放系数 R 取值

地区序号[1]	1　2　3　4　5			6			7		
功能区分类	一类	二类	三类	一类	二类	三类	一类	二类	三类
排气筒有效高度/m 15	3	6	9	2	4	6	1	2	3
20	6	12	18	4	8	12	2	4	6
30	16	32	48	12	24	36	6	12	18
40	29	58	87	21	42	63	11	22	33
50	45	90	135	33	65	97	17	34	51
60	64	128	192	47	94	141	24	48	72
70	88	176	264	64	128	192	33	66	99
80	140	280	420	100	200	300	68	136	204
90	177	354	531	128	256	384	86	172	258
100	218	436	654	158	316	474	106	212	318

注:[1] 地区号见表 2-2

[例 2-2]　在某市远郊农村平原开阔地上,建成了一座火电厂。其烟囱的几何高度为 120 m,考虑到当时气象条件造成的烟流抬升,烟囱的有效高度为 304 m 根据国家 GB/T13201—91 规定该地的 P_{Ki} 值为 21 t/(m²·h),试求该厂 SO_2 的最大允许排放量。

解:该厂 SO_2 的允许排放量按式 2-2 计算

$$Q = P_{Ki} H_e^2 \times 10^{-6} = 21 \times 304^2 \times 10^{-6} = 1.94 \text{ t/h}$$

既该厂 SO_2 的最大允许排放量为 1.94 t/h

(3) 总量控制标准

最早(20 世纪 70 年代)是在日本实施,后来受到世界各国以及我国环保工作者的重视,特别是最近几年,我国已逐步实施了污染物总量控制。它的具体思路是:在污染源密集地区,只对单个污染源实施排放标准,即便是各污染源都已经达到排放标准,但是环境质量却不能达标,为此实施污染物排放总量控制。其方法是以环境质量标准为基础,考虑到自然环境的特征,计算出环境容量,然后综合分析所在区域内的污染源,建立一定的数学模式,计算出每个污染源的分担率和相应的允许排放量。

由上述可知,总量控制标准是根据环境标准和当地的自然条件计算出来的,并不是像其他标准那样是国家规定的限值。

(4) 负荷标准(或排放系数)

这类标准是从实际控制技术出发,采用分行业、分污染物来控制,以每吨产品或原材料计算任何一日排放污染物的最大值和连续 30 天排放污染物的平均值来表示。这种方法比较简单,不需要复杂计算,是环境保护工作者经常使用的方法之一。我国 1988 年颁布的工业污染物排放标准就属这一类。

(5) 工艺标准

该类标准最早是在瑞典实行的(1979),它是由环保部门深入到企业调查后,与企业协商确定排放标准。我国的沈阳化工局制定的允许污染物流失量——流失指标,即属此类。

2.2.4 方法标准

方法标准是为了保证环境测试数据的统一性、可靠性和可比性,由国家统一发布的标准。它对试验、检验、分析、采样、统计、计算、操作和测定等方法作出统一规定。到目前为止,国家已发布方法标准数百项,其中:水质 184 项,大气 157 项,土壤 27 项,噪声 17 项,固体废物 20 项,辐射 36 项等。

方法标准的种类,按其所适用的环境介质分为:水质、大气、土壤三类,国际标准化组织(ISO)以此为基础成立了三个委员会,即 TC146(大气质量)、TC147(水质量)、TC190(土壤质量),通过多年工作形成了以此为目的的三类标准方法体系。通常,方法标准是推荐性标准,但与强制性标准配套应用时,同样具有强制性。

2.2.5 样品标准

样品标准是一种确定某一个或多个特性值的物质和材料,用以在环境保护工作和标准实施过程中标定仪器、检验测试方法、进行量值传递或质量控制的材料或特定物质的实物标准。通过标准样品量值的准确传递和追溯系统,实现国际、国内行业间以及各个实验室间的数据的一致性和可比性,是实验室分析质量保证的重要手段和工具。

我国从 20 世纪 80 年代初开始对环境标准样品进行研究,现已研制出大气、水质、土壤、西红柿叶、牛肝、牡蛎、茶叶、大米粉、小麦粉、桃树叶、煤飞灰等几十种标准样品,其中,环境水质标准样品已在全国各领域推广使用。

环境标准样品应用于:①环境计量器的检定;②工作标准的使用;③监视连续检测过程中仪器的稳定性;④实验室分析质量控制,实验室内部质量控制和实验室之间的质量控制;⑤验证、评价、鉴定、开发新方法和新技术;⑥环境仲裁的依据。

2.2.6 基础标准

基础标准是对环境保护工作中有关词汇、术语、符号、代码、图形和导则等所做的规定。国家环保局已发布了的环境基础标准有《水质词汇》(GB6816—86)、《空气质量词汇》(GB6919—86)、《制定地方大气污染物排放标准的技术原则和方法》(GB/T3840—91)、《环境影响评价技术导则》(HT/T2.1—2.3—93)。除此之外还有:

(1)图形符号、标志:环境保护图形符号基本上属于标志类图形符号。正在制定中的有《水污染排放口图形标志》《工业固体废物堆放场地图形标志》。

(2)信息分类编码:我国的环境信息标准化工作已经起步,1991 年 7 月完成了《中国环境信息分类和编码标准体系研究》,为制定环境信息分类和信息编码打下了基础。1991 年国家环保局分别颁发了《污染及污染源类别代码》《环保仪器分类命名编码》等标准。

(3)术语标准:环保术语标准可分为五类:①基础术语标准;②环境管理术语标准;③环境科学术语标准;④环境工程术语标准;⑤环境检测术语标准。

2.2.7 各类标准之间的关系

综上所述,基础标准、方法标准和标准样品标准是环境质量标准和污染物排放标准的配套标准;是在制定质量标准和排放标准时,对必须统一的原则、方法、名词术语等做出的相应规定;是制定和实现环境标准、实现统一管理的基础;是实施监督监测的重要手段。

2.3　环境质量评价中最新常用标准

2.3.1　环境质量标准

1. 地面水环境质量标准(GB3838—2002)

2. 环境空气质量标准(GB 3095—2012)

3. 室内空气质量标准(GB/T 18883—2002)

4. 声环境质量标准(GB3096—2008)

2.3.2　污染物排放标准

1. 中国污水综合排放标准(GB 8978—1996)

2. 上海污水综合排放标准(DB31/199—2009)

3. 大气污染物综合排放标准(GB16297—1996)

4. 城镇污水处理厂污染物排放标准(GB 18918—2002)

2.3.3　环境行业标准

1. 环境空气质量评价技术规范(HJ663—2013)

2. 环境空气质量指数(AQI)技术规定(HJ633—2012)

3. 地表水和污水监测技术规范(HJ/T91—2002)

4. 水质采样方案设计技术规定(HJ495—2009)

5. 环境质量报告书编写技术规范(HJ641—2012)

6. 环境影响评价技术导则——总纲(HJ 2.1—2011)

7. 影响评价技术导则——大气环境(HJ2.2—2008)

8. 环境影响评价技术导则——地面水(HJ/T2.3—93)

9. 环境影响评价技术导则——生态影响(HJ19—2011)

10. 建设项目环境影响技术评估导则(HJ616—2011)

第3章　环境质量现状评价

3.1　概　述

3.1.1　环境质量现状评价的目的和意义

从词义上讲,环境质量评价是对环境质量优劣进行定量或定性的描述和评定,是认识和研究环境的一种科学方法。在对环境的研究和开发利用中,人们要确定环境质量对其生存和发展的适宜性,就必须进行环境质量评价,目的是准确反映环境质量和污染状况,指出其将来的发展趋势,并找出当前的主要环境问题,为有针对性地采取措施、制定环境规划和有关的管理、防治对策提供科学依据。

环境质量现状评价就是对目前的环境质量状况作出评定,它是环境科学体系中一门基础性的学问与工作,是环境科学的一项重要研究课题。它主要研究环境各组成要素及整体的组成、性质及变化规律,以及对人类生产、生活及生存的影响,其目的是为了保护、控制、利用、改造环境质量,使之与人类的生存和发展相适应。

环境质量现状评价的研究,不仅是开展区域环境综合治理、进行区域环境规划的基础,而且对搞好环境管理、制定环境对策,都具有重要的意义。总之,了解目前的环境质量状况,是为环境管理、环境规划及影响评价,提供科学依据。

3.1.2　环境质量现状评价的方法

环境质量评价工作是建立在环境质量的调查、监测和趋势研究等工作基础上,并按照一定的目的要求和方法进行的。利用近期环境要素质量参数的数据和生物指标资料来评价环境,就是环境质量现状评价。

由于环境质量现状评价是对客观的环境状况的评述和研究,它的表达方式要求采用统一的方法和形式,以便对一个地区的环境质量做出历史性的比较并推测其趋势;也便于各个地区的环境质量状况进行对比,以统筹安排改善质量的对策和措施。

1. 环境质量现状评价方法的分类

环境质量现状评价的方法,大体上可以分为四类:环境质量指数法,概率统计法,模糊数学法,生物指标法。

这四类方法相互有区别,但是没有明确的界限,只是从方法学以及阐述上的便利来划分的。表3-1反映了这四类方法的主要区别和联系。

2. 评价方法的发展

环境质量现状评价方法的演进,开始是从直觉的感官性状指标,如大气和水的臭味、颜色、透明度(能见度)等来进行描述性评价,之后用单项化学指标或生物指标进行一定程度的定量评价。从1965年以来,已发展到用综合性的质量指数来评价一个地区单个环境要素和一个地区多个要素综合环境质量评价,特别是20世纪80年代,是环境质量现状评价方法多产的年代,当时的现状评价方法达一百多种。

迄今,环境指数法仍是评价环境质量现状的主要方法,需要指出的是,其中的单因子评价法在环境质量评价中因其简单明了格外受到重视。

表 3-1　环境质量现状评价方法的分类

评价方法	细目	逻辑概念	评价因子特点	备注
指数法或监测评价法	(1)单因子指数法; (2)多因子指数法	在一定时空条件下环境质量是确定性的,可推理的	(1)理化指标; (2)通过民意测验或专家咨询取得的评分值	这三类方法可以互相渗透、综合运用
概率统计法		在一定时空条件下,环境质量是在随机变化的		
模糊数学法	①模糊定权法; ②模糊定级法; ③区域环境单元模糊聚类法	环境质量等级的界限是模糊的;环境质量变化的界限也是模糊的		
生物指标法	①指示生物法; ②生物指数法; ③其他	生物及生存环境是统一整体;生物对其生活环境质量变化非常敏感	(1)生物的生理反应指标 (2)环境中生物的种、群变化	(1)生物指标也可用概率统计和模糊数学方法进行分级和聚类; (2)生物指数也是一种环境指数

3.2　环境质量现状评价的程序

环境质量现状评价可以从不同的角度来理解。狭义的理解就是根据环境调查与监测资料,应用一定的评价方法对一个地区的环境质量状况做出定量的描述和评定。广义理解则是在完成环境质量现状评价的基础上进行区域环境污染综合防治研究。本章着重介绍前一类评价,其评价程序见图 3-1。

3.3　大气环境质量现状监测及评价

大气环境质量现状监测除为评价和预测提供背景数据外,其监测结果还可用于以下两个方面:(1)结合同步观测的气象资料和污染源资料验证或调试某些预测模式;(2)为该地区例行监测点的优化布局提供依据。监测范围主要限于评价区内。

3.3.1　监测布点

大气环境监测中,采样点位置和数量的确定是一个关键问题,它对所测数据的代表性和实用性具有决定性的作用。因此在进行布点时要遵循以下原则:

1. 监测点数量的设置原则

应根据评价目的,区域大气污染状况和发展趋势,功能区布局和敏感受体的分布,结合地形、污染气象条件、自然因素综合考虑确定。

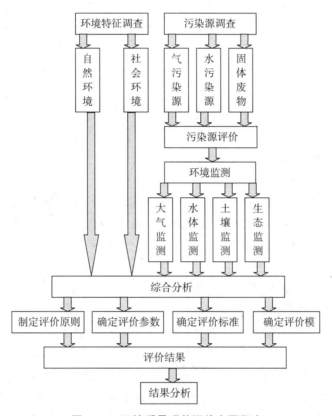

图 3 - 1　环境质量现状评价主要程序

2. 监测点位置的设置原则

监测点位置应具有较好的代表性,所设点的测量值能反映一定地区范围内的大气环境污染的水平和规律。

设点时应考虑自然地理环境、交通工作条件,使监测点尽可能分布比较均匀,同时又便于工作。监测点周围应开阔,采样口水平线与周围建筑物高度的夹角应大于 30°;监测点周围应没有局地污染源,并应避开树木和吸附能力较强的建筑物。原则上应在 20 m 以内没有局地污染源,在 15~20 m 以内避开绿色乔木、灌木,在建筑物高度的 2.5 倍距离内避开建筑物。

3. 监测点位置的布设方法

大致有如下五种:

(1) 网格布点法

这种布点法,适用于待监测的污染源分布非常分散(面源为主)的情况。具体布点方法是:把监测区域网格化(可以评价区左下或左上角为原点,分别以东、北为 x 和 y 的正轴。网格单元取 1×1 km², 评价区较小时,可取 500×500 m²), 根据人力、设备等条件确定布点密度。如条件允许,可以在每个网格中心设有一个监测点。否则,可适当降低布点密度。

（2）同心圆多方位布点法

该布点法适用于孤立源及其所在地区风向多变的情况。其布点方法是：以排放源为圆心，画出 6 个或 8 个方位的射线和若干个不同半径的同心圆。同心圆周线与射线的交点即为监测点，在实际工作中，根据客观条件和需要，往往是在主导风的下风方位布点密些，其他方位布点疏些。确定同心圆半径的原则是：在预计的高浓度区及高浓度与低浓度交接区应短些。其他区要长一些。

（3）扇形布点法

该布点法适用于评价区域内风向变化不大的情况。其方法步骤如下：沿主导风向轴线，从污染源向两侧分别扩出 45°、22.5°或更小的夹角（视风向脉动情况而定）的射线。两条射线构成的扇形区即是检测布点区。再在扇形区内做出若干条射线和若干个同心圆弧，圆弧与射线的焦点即为待定的监测点。

（4）配对布点法

该方法适用于线源。例如，对公路和铁路环境质量评价时，在行车道的下风侧，离车道外沿 0.5～1 m 处设一个监测点，同时在该点外沿 100 m 处再设一个监测点。根据道路布局和车流量分布，选择典型路段，用配对法设置监测点。

（5）功能区布点法

该方法适用于了解污染物对不同功能区的影响。通常的做法是按工业区、居民稠密区、交通频繁区、清洁区等分别设若干个监测点。

此外，通常应在关心点、敏感点（如居民集中区、风景区、文物点、医院、院校等）以及下风向距离最近的村庄布置取样点。往往还需要在上风向（即最小风向）的适当位置布置对照点。

3.3.2　监测制度

监测时间和频率的确定，主要考虑当地的气象条件和人们的生活和工作规律。我国大部分地区处于季风气候区，冬夏季风有明显不同的特征，由于日照和风速的变化，边界层温度也有较大的差别。在北方地区冬季采暖的能耗量大，扩散条件差，大气污染比较严重。而在夏季，气象条件对污染物扩散有利，并且又是作物的主要生长季节。所以要根据评价的目的有所侧重，在要求高的情况下可进行两期的（夏、冬）监测，否则可作一期监测。由于气候存在着周期性的变化，每一期平均为 7 天左右，在一天之中，风向、风速、大气稳定度都存在着变化，同时人们的生产和生活活动也有一定的规律。为了使监测数据具有代表性，所以在要求高的评价中：每期监测时间，至少应取得有季节代表性的 7 天有效数据，每天不少于 6 次（北京时间 02、07、10、14、16、19 时，其中 10、16 时两次可按季节不同做适当调整）。对于要求不高的评价，至少应监测 5 天，每天至少 4 次（北京时间 02、07、14、19 时，少数监测点 02 时实施确有困难者可酌情取消）。

现状监测应与污染气象观测同步进行。对于不需要进行气象观测的评价项目，应收集其附近有代表性的气象台站各监测时间的地面风速、风向、气温、气压等资料。

3.3.3　监测指标的选择

选择监测指标的依据是：本地区大气污染源评价的结果、大气例行监测的结果以及生态和人群健康的环境效应。凡是主要大气污染物，大气例行监测浓度较高以及对生态及人群已经有所影响的污染物，均应作监测指标。

目前,我国各地大气污染监测指标可归纳为:

① 颗粒物:总悬浮微粒 TSP、颗粒物 PM$_{10}$、颗粒物 PM$_{2.5}$;

② 有害气体:二氧化硫 SO$_2$、氮氧化物 NO$_x$、二氧化氮 NO$_2$、一氧化碳 CO、臭氧 O$_3$;

③ 有害元素:氟、铅、汞、镉、砷;

④ 有机物:苯并(a)芘、总烃。

监测指标的选择因评价区污染源构成和评价目的而异,进行某个地区的大气环境质量评价时,可根据该区大气污染源的特点和评价目的从上述指标中选择几项,但不宜过多。例如,以燃煤为主要污染源的城市可选择颗粒物、二氧化硫、苯并(a)芘为监测指标;以有色冶炼为主要污染源的城市可选择颗粒物、二氧化硫、铅(汞、镉、砷)、氟为监测指标。

确定了监测指标之后,就可安排对这些污染物监测以及室内化验。

3.3.4　监测数据的整理

监测指标的化验结果(原始数据)原则上是不能直接利用的,通常需要经过一定的处理,达到一定的要求后才可进行评价。

1. 监测数据的有效性检验

实验室在提出监测报告之前,应根据 GB4885—85《数据的统计处理和解释、正态样本异常值的判断和处理》的规定,剔除失控数据,对于未检出值,取该分析方法最小检出限的一半代之。对统计结果影响较大的极值应进行核实,并剔除异常值。

2. 检测数据的统计

在现状监测数据统计中,需要计算数据的集中趋势和离散指标,一般包括浓度范围、日均浓度及其波动范围、季(监测期)日均浓度值、一次及日均值的超标率、最大污染时日等。

统计均值时,可采用算术均值法或几何均值法。表 3-2 给出了算术平均值和几何平均值的计算公式和它们各自相应的置信区间的表达式,其中 σ 和 ξ 为标准差,由下式给出:

$$\sigma = \sqrt{\frac{1}{n-1}\sum_{i=1}^{n}(C_i - \bar{C})^2} \tag{3-1}$$

$$\xi = \sqrt{\frac{1}{n-1}\sum_{i=1}^{n}(\ln C_i - \ln\bar{C})^2} \tag{3-2}$$

式中,n 为观测次数;C_i 为第 i 次观测到的污染物浓度值;$\bar{C}$ 为污染物平均浓度值。

表 3-2　参数期望值及其 95% 置信区间的表达式

期望值	95% 置信区间下限	95% 置信区间上限
算术平均值 $\bar{C} = \dfrac{1}{n}\sum_{i=1}^{n}C_i$	$\bar{C} - 2\sigma$	$\bar{C} + 2\sigma$
几何平均值 $\bar{C} = \sqrt{\prod_{i=1}^{n}C_i}$	$\dfrac{\bar{C}}{e^{2\xi}}$	$\bar{C}e^{2\xi}$

在某一给定状况下,对某一现象进行连续观测时,应采用算术平均值及相应的置信区间表示观测值的期望值和不确定度。当需要对某一观测值进行空间和(或)时间平均时,则应采用几何平均值及其相应的置信区间表示观测值的期望值和不确定度。在计算某一采样点的日均值和七日均值时,宜采用算术均值法及 95% 的置信区间。而要给出整个评价区所有采样

点的日均值或七日均值或给出某一点的长期(季或年)平均值时应采用几何平均值及其相应的 95% 的置信区间。

3. 检测数据的分析

监测数据的分析包括以下两个方面。一是污染物浓度时空分布特征分析,研究污染物浓度随时间的变化时,需要确定一定的时间序列,如一昼夜、一周、一季等,计算出一定时间周期的污染物平均浓度后,绘制出污染物浓度周期变化图;研究污染物浓度在空间上的变化时,可采用浓度等直线图来表示污染物浓度的空间分布特征。二是污染物浓度与气象条件的相关分析,即分析监测结果与同期的大气层结、风向、风速、湿度、气压等气象因素的相关关系。

3.3.5　评价因子的选择

根据监测数据整理的结果,选择那些对环境危害大、浓度高、能反映当地大气环境质量、能满足评价目的的指标作为评价因子。

3.3.6　评价标准的选择

评价标准是用于度量污染因子对环境污染程度的尺度。目前,我国已制定颁布了空气环境质量标准、安全卫生标准,可供评价时结合评价目的选用。

大气环境质量评价标准的选择,主要考虑评价地区的社会职能或环境功能对大气环境质量的要求,评价时可根据要求有目的地选择一级或二级质量标准,对于标准中没有规定的污染物,可参照国外相应的标准。有时,也可选择本地区的本底值、对照值、背景值作为评价对比的依据,但这往往受到地区的限制,使评价结果不能相互比较。

3.3.7　大气环境质量现状评价

大气环境质量现状评价的方法较多,如环境监测评价、环境生物学评价、环境卫生学评价、环境美学评价等。不过在实际工作中应用较广的是环境监测评价,但是就环境监测评价而言,其评价方法仍然很多,如指数法、聚类分析法、层次分析法等。在这里主要介绍几种比较常用的环境监测指数评价法,即对监测数据进行统计、分析,并选用适宜的评价模型,求取大气质量指数,据此来判断环境质量的优劣。

1. 单因子评价

首先将所选择的评价因子,逐个与评价标准进行比较,求出各评价因子的标准指数(即实测值比上标准值,$I_i = C_i / C_{0i}$),当标准指数等于或大于 1 时为超标,小于 1 时为不超标;然后,计算出超标倍数、超标率、超标范围;最后以超标状况来判断环境质量的好坏。该评价方法简单明了,是当前环境质量评价中最常用的评价方法,但是该方法不能反映整体的环境质量状况。

[**例 3-1**]　某地区大气中各污染物的日平均浓度分别为 $SO_2 = 0.1$ mg/m³,$PM_{10} = 0.2$ mg/m³,$NO_2 = 0.136$ mg/m³,$CO = 7.5$ mg/m³,该地区属于二类区,因此执行二类标准($SO_2 = 0.15$ mg/m³,$PM_{10} = 0.15$ mg/m³,$NO_2 = 0.08$ mg/m³,$CO = 4.0$ mg/m³),采用单因子评价法对该地进行现状评价。

解:单因子评价模式为

$$I_i = C_i / C_{0i}$$

将上述各污染物的实测浓度 C_i 和评价标准 C_{0i} 分别代入模式中得:$I_{SO_2} = 0.7$,$I_{PM_{10}} = 1.3$,$I_{NO_2} = 1.7$,$I_{CO} = 1.9$;超标率为 $3/4 \times 100\% = 75\%$;最大超标因子为一氧化碳,超过标准 0.9

倍;超标范围为 0.3~0.9。由此可知该地区大气污染已严重超标。

　　2. 多因子综合评价

　　为克服单因子评价方法的不足,通常采用多因子综合评价的方法来反映环境质量的整体状况,评价方法可归结为两大类。

　　(1) 一般型指数法

　　首先利用环境质量标准和评价模式建立空气环境质量分级,然后利用评价模式$\Big($均值型

指数 $I = \dfrac{1}{n}\sum\limits_{i=1}^{n}I_i$,加权均值型指数 $I = \dfrac{1}{n}\sum\limits_{i=1}^{n}\omega_i \cdot I_i$,等$\Big)$,计算出综合污染指数,最后将该指

数与环境质量分级标准进行对比,即可确定出空气环境质量状况,见例 3-2。

　　[例 3-2]　对例 3-1 进行多因子加权平均指数法综合评价。

　　解:多因子加权均值型指数:

$$I = \frac{1}{n}\sum_{i=1}^{n}\omega_i \cdot I_i$$

式中,ω_i 为污染物 i 的权重,$\sum\limits_{i=1}^{n}\omega_i = 1$。据题意各污染物的权重分别为 $\omega_{SO_2} = 0.3$,$\omega_{PM10} = 0.4$,$\omega_{NO_2} = 0.2$,$\omega_{CO} = 0.1$,将上例计算结果和权重代入上式,可得该地区的综合污染指数为 $I = 0.315$。

　　利用评价模式、空气环境质量标准 GB3095—2012 和 HJ633—2012,确定本地区的大气环境质量分级标准。其方法是,选用 GB3095—2012 中的二级标准为评价标准,并假设当污染物的浓度 C_i 等于 HJ633—2012 中的一级浓度限值时,代入模式所得指数(0.096)代表大气环境质量为优;当 C_i 等于 HJ633—2012 中的二级浓度限值时,代入模式所得指数(0.25)代表大气环境质量为良;当 C_i 等于 HJ633—2012 中的三级浓度限值时,代入模式所得指数(0.604)代表大气环境质量为轻污染;当 C_i 等于 HJ633—2012 中的四级浓度限值时,代入模式所得指数(0.958)代表大气环境质量为中污染;当 C_i 等于 HJ633—2012 中的五级浓度限值时,代入模式所得指数(1.658)代表大气环境质量为重污染。

　　将所计算的该地区综合污染指数 $I = 0.315$,与上述所确定的大气环境质量分级标准进行比较可知,该地区大气环境已遭到轻污染。

　　(2) 分级型指数法

　　该方法是目前我国城市空气质量预报中通用的评价方法,也是国家环保部 2012 推出的评价方法。它是把评价因子的浓度值划分为 8 个界限,每一个界限对应有相应的空气质量分指数 IAQI,见表 3-3。

　　在进行实际评价时,①将评价指标的浓度值 C_p 与表 3-3 进行比较,确定该指标的浓度高值 BP_{Hi}、浓度低值 BP_{Lo},以及两者所对应空气质量指数的高值 $IAQI_{Hi}$ 和低值 $IAQI_{Lo}$。②利用评价模式(分段线性函数):

$$IAQI_p = \frac{IAQI_{Hi} - IAQI_{Lo}}{BP_{Hi} - BP_{Lo}}(C_p - BP_{Lo}) + IAQI_{Lo} \tag{3-3}$$

式中,$IAQI_p$ 为第 p 种污染物的空气质量分指数;C_p 为第 p 种污染物的实测浓度值;BP_{Hi} 为表 3-3 中与 C_p 相近的污染物浓度限值的高位值;BP_{Lo} 为表 3-3 中与 C_p 相近的污染物浓度

限值的低位值；$IAQI_{Hi}$为表3-3中与BP_{Hi}对应的空气质量分指数；$IAQI_{Lo}$为表3-3中与BP_{Lo}对应的空气质量分指数。

计算出各评价因子的空气质量分指数$IAQI_p$；③从计算出的几个空气质量分指数$IAQI_p$中挑选出最大的指数，即$AQI = \max\{IAQI_1, IAQI_2, IAQI_3, \cdots, IAQI_n\}$；④将该指数与表3-4比较，确定出空气的级别、质量、色别、对健康的影响和采取的防范措施，见例3-3。

表3-3 空气质量分指数及对应的污染物浓度限值/(ug/m³)

IAQI	0	50	100	150	200	300	400	500
SO_2日均	0	50	150	475	800	1 600	2 100	2 620
$SO_2$1时均①	0	150	500	650	800	②	②	②
NO_2日均	0	40	80	180	280	565	750	940
$NO_2$1时均①	0	100	200	700	1 200	2 340	3 090	3 840
PM_{10}日均	0	50	150	250	350	420	500	600
CO日均/(mg/m³)	0	2	4	14	24	36	48	60
CO1时均①/(mg/m³)	0	5	10	35	60	90	120	150
O_3时均	0	160	200	300	400	800	1000	1200
$O_3$8时均	0	100	160	215	265	800	③	③
$PM_{2.5}$日均	0	35	75	115	150	250	350	500
说明	① SO_2、NO_2、CO的1小时平均浓度限值仅用于实时报，在日报中需要使用相应的污染物日平均浓度限值； ② SO_2的1小时平均浓度值高于800 ug/L时，不再进行其空气质量分指数计算，其空气质量分指数按日平均浓度计算的分指数报告； ③ O_3的8小时平均浓度值高于800 ug/L时，不再进行其空气质量分指数计算，其空气质量分指数按1小时平均浓度计算的分指数报告							

表3-4 空气质量指数及相关信息

空气质量指数	空气级别	空气质量	色别	健康影响	采取措施
0～50	一级	优	绿色	空气质量令人满意，基本无空气污染	各类人群可正常活动
51～100	二级	良	黄色	空气质量可接受，但某些污染物可能对极少数异常敏感人群健康有影响	极少数异常敏感人群应减少户外活动
101～150	三级	轻污染	橙色	易感人群症状有轻度加剧，健康人群出现刺激症状	儿童、老人、心脏病、呼吸系统疾病患者应减少长时间、高强度户外锻炼
151～200	四级	中污染	红色	易感人群症状进一步加剧，可能对健康人群心脏、呼吸系统有影响	儿童、老人、心脏病、呼吸系统疾病患者避免长时间、高强度户外锻炼，一般人群适量减少户外运动

续表

空气质量指数	空气级别	空气质量	色别	健康影响	采取措施
201～300	五级	重污染	紫色	心脏病、肺病患者症状显著加剧,运动耐受力降低,健康人群普遍出现症状	儿童、老人、心脏病、呼吸系统疾病患者应停留在室内,停止户外运动,一般人群减少户外运动
>300	六级	严重污染	褐红色	健康人群运动耐受力降低,有明显强烈症状,提前出现某些疾病	儿童、老人和病人应留在室内,避免体力消耗,一般人群应避免户外活动

[**例 3 - 3**] 某市某日大气环境监测结果为 $SO_2 = 100\ \mu g/m^3$,$NO_2 = 130\ \mu g/m^3$,$PM_{10} = 200\ \mu g/m^3$,利用分级型指数法评价该市的大气环境质量。

解:据已知条件和表 3 - 3 可知:

$SO_2 : BP_{Hi} = 150, BP_{Lo} = 50, IAQI_{Hi} = 100, IAQI_{Lo} = 50$,

$$IAQI_{SO_2} = \frac{IAQI_{Hi} - IAQI_{Lo}}{BP_{Hi} - BP_{Lo}}(C_p - BP_{Lo}) + IAQI_{Lo} = \frac{100 - 50}{150 - 50} \times (100 - 50) + 50 = 75$$

$NO_2 : BP_{Hi} = 180, BP_{Lo} = 80, IAQI_{Hi} = 150, IAQI_{Lo} = 100$,

$$IAQI_{NO_2} = \frac{150 - 100}{180 - 80} \times (130 - 80) + 100 = 125$$

$PM_{10} : BP_{Hi} = 250, BP_{Lo} = 150, IAQI_{Hi} = 150, IAQI_{Lo} = 100$

$$IAQI_{PM_{10}} = \frac{150 - 100}{250 - 150} \times (200 - 150) + 100 = 125$$

$$AQI = \max\{IAQI_{SO_2}, IAQI_{NO_2}, IAQI_{PM_{10}}\} = 125$$

由表 3 - 4 可知,该市的空气质量指数为 125,属三级,空气质量属于轻污染,首要污染物为 NO_2 和 PM_{10},超标污染物也为 NO_2 和 PM_{10}。

通过上述两例可以看出,单因子评价法计算简单,结果明了,反映出各污染物对环境污染的贡献大小,但是反映不出所有污染物的综合作用;多因子综合评价可以克服单因子评价的不足,评价结果反映出了大气环境总的污染水平,但是无法反映各因子的污染贡献大小。总之,各种评价方法都有优点和不足。

3.4 地面水环境质量监测及评价

3.4.1 污染机理及影响污染物质时空分布的因素

地面水是指覆盖于地球表面的天然和人工水体,水体污染的形成是由于一些天然或人为的水体污染源向水体释放污染物质,在没有得到水体充分的稀释净化之前,造成了污染物在水体中的积累和富集,改变了正常水体的化学组成和物理特性,从而影响到水体的功能,甚至构成对水生生物和人群健康的威胁,这种现象称为地面水环境污染。

造成地面水体污染的制约性因素是水体污染源。显然,污染源的性质和排放特点对水体污染的特性和浓度分布有直接的影响;其次,还和水体的稀释扩散和净化能力有关。只有当水体的稀释扩散和自净能力小于污染物的输入量时,才有可能造成水体污染物的积累,形成水体污染。而水体的稀释扩散和净化能力又和水体的水文学、水力学、水化学和水生生物特性有密切的关系。因此,这些因素也是制约水体污染特性和污染物时空分布的重要因素。

水体中污染物的时空分布主要受以下一些因素的影响。

1. 水体污染源的排放特点

主要和水体污染源的排放位置、排放方式、排放强度和排放规律有关。岸边排放和中心排放形成的污染物浓度分布就不同;直接排放和间接排放形成的污染物浓度分布亦不同;污染源排放强度大,水体污染就重,水中污染物浓度就高,反之亦然;污染源排放如果随着时间起伏变化或断断续续,则水中污染物也随着时间起伏变化或呈断断续续的变化规律。

2. 水文学、水动力学、气象、河床、河道等因素

污染物进入水体后,首先得到水体的稀释。水流量越大,对污染物的稀释能力就越强,同样数量的污染物排放量,形成的水体污染物浓度相对就越小。另外,水流速度对污染物有平流输送作用,流速切变对污染物有弥散作用,水的紊流对污染物有平流输送作用,水流速度大,紊流作用强,则有利于污染物的输送和扩散,同样数量的污染物排放,形成的水体污染物浓度就小,反之,形成的污染物浓度就大。水的泥沙对污染物有净化作用,泥沙含量高,则有利于污染物的净化,反之,则不利于污染物净化,净化作用不同,同样数量的污染物排放,造成水体浓度就不同,而水体的这些水力学参数是由气象、水文、河床、河道等因素决定的,可以说,水体污染物的浓度及其时空分布是和气象、水文、河床、河道等因素关系极为密切。

3.4.2　地表水环境质量的调查与监测

1. 调查的范围

水环境调查范围应根据评价的目的,污染源分布、水体污染状况来确定,在此区域内进行的调查,能够说明地表水环境的基本状况,并能充分满足环境评价的要求。

2. 调查时间

(1) 根据当地水文资料初步确定河流、湖泊、水库的丰水期、平水期、枯水期,同时确定最能代表这个时期的季节或月份。遇气候异常年份,要根据流量实际变化情况确定。对有水库调节的河流,要注意水库放水或不放水时流量的变化。

(2) 通常情况会对平水期和枯水期进行调查,如果评价时间紧迫可仅对枯水期进行调查。

(3) 当被调查的范围内面源污染严重,丰水期水质劣于枯水期时,各类水域须调查丰水期。

(4) 冰封期较长的水域,且作为生活饮用水、食品加工用水的水源或渔业用水时,应调查冰封期的水质、水文情况。

3. 水文调查和水文测量

(1) 河流

根据评价目的与河流的规模决定工作内容,其中主要有:丰水期、平水期、枯水期的划分;河流平直及弯曲;横断面、纵断面(坡变)、水位、水深、河宽、流量、流速及其分布、水温、糙率及泥沙含量等;丰水期有无分流漫滩,枯水期有无浅滩、沙洲和断流;北方河流还应了解结冰、封冰、解冻等现象。河网地区应调查各河段流向、流速、流量的关系,了解它们的变化特点。

（2）感潮河口

根据评价目的及河流的规模决定工作内容,除与河流相同的内容外,还有感潮河段的范围,涨潮、落期及平潮时水位、水深、流向、流速及其分布;横断面,水面坡度的河潮间隙和历时等。

（3）湖泊、水库

根据评价目的、湖泊和水库的规模决定工作内容,其中主要有:湖泊、水库的面积和形状,应附有平面图;丰水期、平水期、枯水期的划分;流入、流出的水量和停留时间;水量的调度和贮量;水深;水温分层情况及水流状况(湖流的流向和流速、环流和流向、流速及稳定时间)等。

（4）降雨量调查

为了解面源污染,应调查历年的降雨资料。

4. 现有污染源调查

见第 6 章地表水环境影响预测及评价

5. 水质调查与监测

水质调查与监测的原则是尽量利用现有的资料和数据在资料不足时需实测。调查的目的是查清水体评价范围内水质的现状,作为评价的基础。

（1）选择水质调查参数

需要调查的水质参数有两类,一类是常规水质参数(能反映水域水质一般状况);另一类是特征水质参数(能反映当地的水质特点)。在某些情况下,还需调查一些补充项目。

① 常规水质参数　以 GB3838—2002 中所列的 pH 值、溶解氧、高锰酸钾指数或化学耗氧量、五日生化需氧量、凯氏氮或非离子氨、酚、氰化物、砷、汞、铬(六价)、总磷及水温为基础,根据水域类别、评价目的及污染源状况适当进行增减。

② 特征水质参数　根据当地的环境(自然的、社会的)特点,污染源的特点,选择一些水质参数进行调查。

③ 其他方面的参数　被调查水域的环境质量要求较高(如自然保护区、饮用水源地、珍贵水生生物保护区、经济鱼类养殖区等),应考虑调查水生生物和底质。其调查项目可根据具体工作要求确定,或从下列项目中选择部分内容。

水生生物方面主要调查浮游动植物、藻类、底栖无脊椎动物的种类和数量、水生生物群落结构等。

底质方面,主要调查易积累的污染物。

（2）河流水样的采集

① 取样断面的布设原则。在调查范围的两端、调查区内重点保护水域及重点保护对象附近的水域,水文特征突然变化处(如支流汇入处等)、水质急剧变化处(如污水排入处等)、重点水工构筑物(如取水口、桥梁、涵洞)附近、水文站附近等应布设取样断面。

② 断面取样垂线的确定。当河流断面形状为矩形或相近于矩形时,可按下列原则布设取样垂线。

小河(河流断面的多年平均流量小于 15 m^3/s):在取样断面的主流线上设一条取样垂线。

大河、中河(河流断面的多年平均流量大于 150 m^3/s 为大河,介于大河、小河之间的为中河):河宽小于 50 m,取样断面上各距岸边三分之一水面宽处,设一条取样垂线(垂线应设在明显水流处),共设两条取样垂线;河宽大于 50 m,在取样断面的主流线上及距两岸不小于 5 m 处,并在河宽明显水流的地方各设一条取样垂线,即共设三条取样垂线。

特大河(例如长江、黄河、珠江、黑龙江、淮河、松花江、海河等):由于河流过宽,取样断面上的取样垂线应适当增加,而且主流线两侧的垂线数目不必相等,有排污口的一侧可以多设一些。如断面形状十分不规则时,应结合主流线的位置,适当调整取样垂线的位置和数目。

③ 垂线上取样水深的确定。在一条垂线上,水深大于 5 m,在水面下 0.5 m 处及在距河底 0.5 m 处,各取样一个;水深为 1~5 m 时,只在水面下 0.5 m 处取一个样;在水深不足 1 m 时,取样点距离水面不应小于 0.3 m,距河底也不应小于 0.3 m。

④ 取样方式。根据评价目的可取混合样(把整个断面各取样点的水样混合成一个样品)、分层样(表层水、中层水、底层水)、单独样(各样点的水样分别保存和化验)。

(3) 湖泊、水库水质取样

① 取样位置的布设原则、方法和数目。在湖泊、水库中布设取样位置时,应尽量覆盖整个调查范围,并且能切实反映湖泊、水库的水质和水文特点(如进水区、出水区、深水区、浅水区、岸边区等)。可采用以进水口为中心,向周围辐射的布设采样位置,每个取样位置的间隔可根据评价目的、人力、财力、而定。

② 取样位置上取样点的布设。大、中型湖泊、水库,当平均水深小于 10 m 时,取样点设在水面下 0.5 m 处,但此点距底不应小于 0.5 m。当平均水深大于 10 m 时,首先要根据现有资料查明此湖泊(水库)有无温度分层现象,如无资料可供利用,应先测水温:在取样位置水面下 0.5 m 处测水温,向下每隔 2 m 水深测一个水温值,如发现两点间温度变化较大时,应在这两点间酌量加测几点的水温,目的是找到斜温层。找到斜温层后,在水面下 0.5 m 及斜温以下,距底 0.5 m 以上各取一个水样。小型湖泊、水库,当平均水深小于 10 m 时,在水面下 0.5 m 并距底不小于 0.5 m 处设一取样点;当平均水深大于等于 10 m 时,在水面下 0.5 m 处和水深 10 m 并距底不小于 0.5 m 处各设一取样点。

③ 取样方式。对于小型湖泊、水库,深度小于 10 m 时,每个取样位置取一个水样;如水深大于等于 10 m 时,则一般只取一个混合样,在上下层水质差别较大时,可不进行混合。大、中型湖泊、水库,各取样位置上不同深度的水样均不混合。

(4) 河流取样次数(频率)

① 每个水文期调查一次,每次调查三、四天,至少有一天对所有已选定的水质参数取样分析,其他天数根据需要有所选择。

② 当河流受热污染时,在采样时要测水温;并且要测日平均水温,一般可采用每隔 6 小时测一次的方法求平均水温。

③ 一般情况下,每个水质参数每天只取一个样,在水质变化很大时,应采用每隔一定时间采样一次的方法。

(5) 河口取样次数

① 在所规定的调查期内,每期调查一次,每次调查两天,一次在大潮期,一次在小潮期;每个潮期的调查,均分别采集同一天的高低潮水样;各监测断面的采样,尽可能同步进行。两天调查中,要对已选定的所有水质参数取样。

② 河口受热污染时,在采样时要测水温;同时,要测日平均水温,一般可采用每隔 4~6 小

时测一次的方法求平均水温。

（6）湖泊、水库取样次数

① 在所规定的调查期内，每期调查一次，每次调查三、四天，至少有一天对所有已选定的水质参数取样分析，其他天数根据需要，配合水文测量进行取样。

② 表层溶解氧和水温每隔6小时测一次，并在调查期内适当检测藻类。

（7）水质调查取样需注意的特殊情况。

① 在设有闸坝受人工控制的河流，其流动状况，在排洪时期为河流流动；用水时期，如用水量大则类似河流，用水量小则类似狭长形水库；在蓄水期也类似狭长水库。这种河流的取样断面、取样位置、取样点的布设及水质调查的取样次数等可参考前述河流、水库部分的取样原则，并酌情处理。

② 在我国的一些河网地区，河水流向、流量经常变化，水流状态复杂，特别是受潮汐影响的河网，情况更为复杂，遇到这类河网，应按各河段的长度比例布设水质采样、水文测量断面。至于水质监测项目、取样次数、断面上取样垂线的布设可参照前述河流、河口的有关内容。调查时应注意水质、流向、流量随时间的变化。

3.4.3 地面水环境质量现状评价

1. 评价原则

现状评价是水质调查的继续，通过对水质调查结果进行统计和评价，说明水质的污染程度并作为后续工作的基础。评价水质现状主要采用文字分析与描述，并辅之以数学表达。在文字分析与描述中，有时可采用检出率、超标率等统计数值。数学表达式分为两种：一种用于单项水质参数评价，另一种用于多项水质参数综合评价。单项水质参数评价简单明了，可直接了解水质参数与标准的关系，一般均可采用。多项水质参数综合评价只在调查的水质参数较多时方可应用，此方法只能了解多个水质参数的现状与相应标准之间的综合相对关系。

2. 评价依据

地面水环境质量标准和有关法规及当地的环保要求是评价的基本依据。地面水环境质量标准采用GB3838或相应的地方标准，海湾水质标准应采用GB3097。有些水质参数国内尚无标准，可参照国外标准或建立临时标准，所采用的国外标准和建立的临时标准应按国家环保总局规定的程序报有关部门批准。评价区内不同功能的水域应采用不同类别的水质标准。选用的标准均应报主管环保部门审查认定。综合水质的分级应与GB3838中水域功能的分类一致，其分级判据与所采用综合评价方法有关。

3. 选择水质评价因子

评价因子从所调查的水质参数中选取。根据污染源调查、水质现状调查与水质分析结果，选择其中重要污染物和对地面水环境危害较大或国家、地方要求控制的污染物作为评价因子。评价因子的数量须能反映水体评价范围的水质现状。一般情况，评价因子的数值可采用相应水质参数的多次监测平均值，如该参数值变化甚大，为了突出高值的影响可采用内梅罗平均值，或其他计入高值影响的平均值。式（3-4）为内梅罗平均值的表达式：

$$C = \sqrt{\frac{C_{max}^2 + \bar{C} \cdot \bar{C}}{2}} \tag{3-4}$$

式中,C 为内梅罗平均值,mg/L;C_{max} 为水质参数的最大监测值,g/L;$\bar{C}$ 为水质参数的平均监测值,mg/L。

4. 评价方法

水质评价方法采用单因子法进行评价,利用概率统计得出各自的达标率或超标倍数,平均值等结果。单因子指数评价能客观地反映水体的污染程度,可清晰地判断出主要污染因子、主要污染时段和水体污染区域,能较完整地提供监测水域的时空污染变化,反映污染时间。

单因子指数评价为水质规划与水质污染综合整治服务,根据单因子指数评价结果,在水质规划和综合整治时做到水体与陆上污染源的衔接。

另外,HJ/T2.1—2.3—93 中还推荐了几种多因子综合评价方法。

① 幂指数法:

$$S_j = \prod_{i=1}^{n} I_{i,j}^{w_i} \quad (0 < I_{i,j} \leqslant 1, \ \sum_{i=1}^{n} w_i = 1) \tag{3-5}$$

② 加权平均法:

$$S_j = \frac{1}{n} \sum_{i=1}^{n} w_i I_i \quad \left(I_i = \frac{C_i}{C_{0i}}, \ \sum_{i=1}^{n} w_i = 1 \right) \tag{3-6}$$

③ 向量模法:

$$S_j = \sqrt{\sum_{i=1}^{n} I_{i,j}^2} \tag{3-7}$$

④ 算术平均法:

$$S_j = \frac{1}{n} \sum_{i=1}^{n} I_{i,j} \tag{3-8}$$

[例3-4] (单因子评价)某河流监测断面的水质监测结果为:COD=5.5 mg/L,DO=4.25 mg/L,As=0.03 mg/L,Pb=0.13 mg/L,Hg=0.012 mg/L,Cd=0.004 mg/L,水温为25℃。该河段执行地面水三类标准:COD=20 mg/L,DO=5 mg/L,As=0.05 mg/L,Pb=0.05 mg/L,Hg=0.0001 mg/L,Cd=0.005 mg/L。

解:据单因子评价模式:

$$I_i = \frac{C_i}{C_{0i}},$$

各污染物的污染指数为

$I_{COD} = 0.275$;

$I_{DO} = 10 - 9 \times \dfrac{DO_j}{DO_s} = 10 - 9 \times \dfrac{4.25}{5} = 2.35$;

$I_{As} = 0.6$;

$I_{Pb} = 2.6$;

$I_{Hg} = 120$;

$I_{Cd} = 0.8$。

由此可知,该河段污染物的超标因子为 Hg、Pb、DO,超标率为 50%,最大超标倍数为 119 倍,最小超标倍数为 1.35。

[例 3 - 5]　(多因子综合评价)利用向量模法对上题进行评价。

解:

① 建立环境质量分级:假设当实测浓度等于地面水二类标准时,水环境质量是好的;当实测浓度等于三类标准时,水环境质量尚可;当实测浓度等于四类标准时,水环境质量差。将上述三个标准值和本项目所采用的标准值分别代入向量模式中分别得出:

$$S_{好} = \sqrt{\sum_{i=1}^{n} I_{i,j}^2} = \sqrt{\left(\frac{15}{20}\right)^2 + \left(\frac{8.268\ 55 - 6}{8.268\ 55 - 5}\right)^2 + \left(\frac{0.05}{0.05}\right)^2 + \left(\frac{0.01}{0.05}\right)^2 + \left(\frac{0.000\ 05}{0.000\ 1}\right)^2 + \left(\frac{0.005}{0.005}\right)^2}$$
$$= 1.8$$

$$S_{可} = \sqrt{6} = 2.4$$

$$S_{差} = \sqrt{\sum_{i=1}^{n} I_{i,j}^2} = \sqrt{\left(\frac{30}{20}\right)^2 + \left(10 - 9 \times \frac{3}{5}\right)^2 + \left(\frac{0.1}{0.05}\right)^2 + \left(\frac{0.05}{0.05}\right)^2 + \left(\frac{0.001}{0.000\ 1}\right)^2 + \left(\frac{0.005}{0.005}\right)^2}$$
$$= 11.4$$

② 计算本项目的综合污染指数,将上题计算的各污染物的污染指数,代入向量模式得:

$$S_j = \sqrt{\sum_{i=1}^{n} I_{i,j}^2} = \sqrt{0.275^2 + 2.35^2 + 0.6^2 + 2.6^2 + 120^2 + 0.8^2} = 120.06$$

由于 $S_j \gg 11.4$,因此该河段污染十分严重。

3.4.4　湖库营养状态评价

中国是世界上湖泊最多的国家之一,约有 2 万多个,蓄水量达 7 000 多亿立方米,另有 8 万多座水库,蓄水 4 000 多亿立方米。水是生命之源,湖库流域也是人口最为稠密、经济最为发达地区。湖库在为当地的生产和生活源源不断地提供着清洁水资源的同时,也在无休止地接纳着滚滚而来的污水,由此带来的环境问题主要是湖库的富营养化。最新研究表明,中国大部分湖库处于中营养或富营养化水平,并且原有富营养化湖库没有治好(如太湖、巢湖、滇池),新的富营养化湖库在涌现(如城市景观湖)。太湖自 20 世纪 80 年代开始出现富营养化,对其治理和研究的耗费不计其数。江苏省环境监测中心的吕学研小组 2014 年公开的研究结果[9]表明:1980—2011 年太湖富营养化水质指标整体呈上升趋势,除西部有所改善外,原污染严重的北部和南部改善不明显,原水质较好的东部目前呈恶化趋势;同时,水利部太湖流域管理局于 2014 年 12 月发布报告[10]:2011—2013 年营养指数分别为 60.8、61.0、62.1。如此状况,着实令人担忧。

中国湖库富营养化加剧,标志着中国湖泊富营养化治理任重而道远,湖泊营养状态评价迫在眉睫。

1. 评价标准

关于湖库营养状况评价,国家环保部还没有出台相应的标准,目前常用的是国家水利部 2007 年颁布的《地表水资源质量评价技术规程》SL395—2007。该标准规定了湖库营养状态评价指标、各指标的限值,以及评价的方法,见表 3 - 5。

表 3－5   湖泊(水库)营养状态评价标准

营养状态分级 (营养状态指数 EI)		评价指标 赋分值 En	TP /(mg/L)	TN /(mg/L)	Chl－a /(mg/L)	COD$_{Mn}$ /(mg/L)	SD /m
1 贫营养 0≤EI≤20		10	0.001	0.02	0.000 5	0.15	10
		20	0.004	0.05	0.001	0.4	5
2 中营养 20<EI≤50		30	0.01	0.1	0.002	1	3
		40	0.025	0.3	0.004	2	1.5
		50	0.05	0.5	0.01	4	1
3 富营养	1 轻度 50<EI≤60	60	0.1	1	0.026	8	0.5
	2 中度 60<EI≤80	70	0.2	2	0.064	10	0.4
		80	0.6	6	0.16	25	0.3
	3 重度 80<EI≤100	90	0.9	9	0.4	40	0.2
		100	1.3	16	1	60	0.12

从表 3－5 种可以看出:湖库营养状态分为贫营养、中营养、富营养 3 个级别,富营养又分为轻度、中度、重度 3 个级别。评价指标有 5 个,2 个营养元素 N、P,1 个污染物指标 COD,1 个浮游植物指标(叶绿素 a),1 个透明度指标 SD。

2. 评价方法

湖库营养状态评价采用指数法,具体评价步骤如下:

(1) 确定评价指标的赋分值 En

其方法是根据表 3－5,利用线性插值法确定。例如某湖泊水的透明度 SD＝2 m,确定其赋分值 En,由表 3－5 可知,该透明度位于 3 和 1.5 之间(两值对应的赋分值为 30 和 40),这相当于两个坐标点(3,30)和(1.5,40),求点(2,En),利用两点式直线方程求得 En＝36.67。

(2) 计算营养状态指数 EI

$$EI = \sum En/n \quad (n=1\sim5) \tag{3-9}$$

(3) 确定营养级别

根据计算的 EI 参照表 3－5 可确定出营养级别。

[例 3－6]   某湖泊 SD＝0.46 m,TN＝1.7 mg/L,TP＝0.15 mg/L,COD$_{Mn}$＝7.2 mg/L,Chl－a＝0.04 mg/L。该湖的营养状况如何?

解:

① 确定各指标得分 ESD＝64,ETN＝67,ETP＝65,ECOD＝58,Echl－a＝64;

② 计算总得分 $\sum$En＝318;

③ 计算营养指数 EI＝318/5＝63.6;

④ 确定湖泊营养状态:中度富营养。

第4章 环境影响评价总论

4.1 环境影响及环境影响评价

4.1.1 环境影响

环境影响是指人类活动(经济活动、社会活动)对环境的作用导致环境发生变化以及由此引起的对人类社会和经济的效应。这种效应可以是正效应(对人类有益的),也可以是负效应(对人类的生存和发展是不利的),还可以是两者兼有的。例如:植树造林的环境影响就属于正效应,三废的排放就属于负效应,而水坝的修建就具有双重性。环保工作者的重要任务就是要对人类活动所产生的环境效应作出正确的判断,针对负效应提出消减措施使环境向有利于人类生存的方向发展。

4.1.2 环境影响分类

为便于研究人类活动所产生的环境效应,常将其进行如下分类。

1. 按影响的方式划分

可分为直接影响、间接影响和累积影响。

(1) 直接影响

是指人类活动对环境的影响,在时间上同时,空间上同地。

(2) 间接影响

是指在时间上推迟,空间上较远,但是在可以合理预见的范围内。

如某一开发区的开发建设造成大气和水体的质量变化,或改变区域生态系统结构,造成区域环境功能改变,这是直接影响;而导致该地区人口集中,产业结构和经济类型的变化是间接影响。直接影响一般比较容易分析和测定。间接影响在空间和时间范围上的确定、影响结果的量化等,都是环境影响评价中比较困难的工作。确定直接影响和间接影响并对其进行分析和评价,可以有效地认识评价项目的影响途径、范围、影响状况等,对于如何缓解不良影响和采用替代方案具有十分重要的意义。

(3) 累积影响

累积影响是指人类活动所产生的环境效应与过去、现在、将来可预见活动的影响叠加时,造成环境影响的后果。其中包括两个方面:一是指一个项目活动的过去、现在及可以预见的将来所产生的影响具有累积性质;例如:日本水俣湾鱼骨畸形是由于附近工厂汞的排入,引起有机汞在鱼体内长期积累的结果。二是多项活动对同一地区的叠加影响,如一个地区多家燃煤锅炉废气的排放共同引起当地 SO_2 浓度升高,当建设项目的环境影响在时间上过于频繁或在空间上过于密集,以致各项目的影响得不到及时消除时,都会产生累积影响。

2. 按影响效果划分

可分为有利影响和不利影响。这是一种从受影响对象的损益角度进行划分的方法。

（1）有利影响

是指对人群健康、社会经济发展或其他环境状况和功能有积极的促进作用的影响。例如,水电站的修建缓解了用电用水的压力,为当地的经济发展提供了保证。

（2）不利影响

是指对人群健康有害、或对社会经济发展或其他环境状况有消极阻碍或破坏作用的影响。需要注意的是,不利与有利是相对的,是可以相互转化的,而且不同的个人、团体、组织等由于价值观念、利益需要等的不同,对同一环境影响的评价会得出相反的结论。例如,广场舞活动对组织者来说是有利的,对参与者是有益的,但是对附近非参与居民却是不利的,环境影响有利和不利的确定,要综合考虑多方面的因素。

3. 按影响性质划分

可分为可恢复影响和不可恢复影响。

（1）可恢复影响

是指人类活动造成的环境某些特性改变或某些价值丧失后,经过一段时间后,可能恢复到原状的特性。如油轮泄油事件造成大面积海域污染,但经过一段时间后,在人为努力和环境的自净作用下,又可恢复到污染以前的状态,这是可恢复影响。

（2）不可恢复影响

是指人类活动引起环境的改变,永远无法恢复的影响,例如自然景观、文物古迹的破坏、物种的灭绝等,一旦发生将永远无法恢复。环境影响是否可以恢复取决于环境自身和人类活动的影响程度。如开发建设活动使某自然风景区改变成为工业区,造成其观赏价值或舒适性价值的完全丧失,是不可恢复的影响。一般认为,在环境承载力范围内对环境造成的影响是可以恢复的;超出了环境承载力范围,则是不可恢复的影响。

另外,环境影响还可分为短期影响和长期影响,地方、区域影响或全国乃至全球影响,建设阶段影响、运行阶段影响和服务期满后影响等。

4.1.3　环境影响评价

1. 环境影响评价的概念

环境影响评价是对拟议中的人类重要决策和开发建设活动,可能对环境产生的物理性、化学性或生物性的作用及造成的环境变化,对人类健康和福利的可能影响,进行系统的分析、预测和评估,提出预防或减少这些不利影响的对策和措施,并进行跟踪监测的方法和制度。

2. 环境影响评价具有的基本功能

（1）判断功能,通过环境影响评价,可以确定出人类某项活动对环境影响的性质、程度等。

（2）预测功能,环境影响评价是对人类某项活动实施之前,对可能产生的环境效应做出预判,因此环境影响评价具有预测功能。

（3）选择或决策功能,通过环境影响评价,可以确定出人类某项活动对环境影响的性质、程度等,为决策或选择提供依据。

3. 环境影响评价作用

（1）环境影响评价可以明确开发建设者的环境责任及规定应采取的行动;

（2）可为建设项目的工程设计提出环保要求和建议;

（3）可为环境管理者提供对建设项目实施有效管理的科学依据；

（4）为决策者提供决策依据。

4. 环境影响评价原则

在进行环境影响评价时，要按照以人为本、建设资源节约型、环境友好型社会和科学发展的要求，遵循以下原则开展工作。

（1）依法评价原则

在进行环境影响评价过程中，始终贯彻执行有关国家环保的法律法规、标准、政策；分析建设项目与环保政策、资源能源利用政策、国家产业政策、技术政策及相关规划的相符性；关注国家或地方法律法规、标准、政策、规划及相关主体功能区划方面的新动向。

（2）早期介入原则

环境影响评价应尽早介入工程的前期工作中，重点关注选址或选线、工艺路线或施工方案的环境可行性。

（3）完整性原则

根据建设项目的工程内容及其特征，对工程内容、影响时段、影响因子、作用因子进行分析、评价，突出环境影响评价重点。

（4）广泛参与原则

环境影响评价应广泛吸收相关学科和相关专业的专家、有关单位和个人、当地环境保护管理部门、当地民众的意见。

5. 环境影响评价的类型

（1）根据环境影响评价时间（相对拟建活动）

一般可分为预断（测）评价和后估评价，这是一个不断评价和不断完善决策的过程。

① 预断评价：依据国家和地方制订的环境质量标准，用调查、监测和分析的方法，对区域环境质量进行定量判断，并说明其与人体健康、生态系统的关系。即对所评价的开发活动可能造成的环境影响的类型、程度、范围和过程进行预测和评价，在预测和评价的基础上，对可能采取的环保措施的费用和效益进行分析，并权衡开发活动的效益和环境影响的得失。

② 后估评价又叫验证评价，即拟建工程建成、运行后验证影响评价的结论是否正确，这种评价可以认为是环境影响评价的延续，是在开发建设活动实施后，对环境的实际影响程度进行系统调查和评估，检查对减少环境影响的各种措施落实程度和实施效果，验证环境影响评价结论的正确可靠性，判断提出的环保措施的有效性，对一些评价时尚未认识到的影响进行分析研究，以达到改进环境影响评价技术方法和管理水平，并采取补救措施，达到消除不利影响的作用。

（2）根据环境影响评价的内容

可分为拟建项目环境影响评价、区域开发环境影响评价和公共政策环境影响评价。

① 拟建项目环境影响评价，是针对准备建设的工程项目在施工、运行和服务期后对环境所产生的影响进行评价，并提出消减不利影响的措施。这种评价是环境评价体系中开始得最早、技术最成熟，也是最基本最重要的评价。

② 区域开发环境影响评价，是针对一个区域（或地区）的整体开发产生的影响进行评价，它具有战略性的意义，其重点是论证区域内未来建设项目的性质、规模、布局、结构、时序等。

这种评价是随着人类活动的地域而产生的。例如：我国近年来的高新技术开发区、经济开发区、生态农业示范区等区域开发活动的环境影响评价。

③ 公共政策环境影响评价：是对国家权力机构发布的政策所带来的影响进行评价。一项政策的出台，可能会给一个地区（国家）的发展带来根本性的影响（例如我国的改革开放政策，西部开发政策等）。公共政策影响评价可以在政策实施后的影响及效果进行评价。这种评价更具有战略意义，是一种新兴的在我国还很少开展的评价。

（3）国家环保部的分类方法

根据国家环保部 2011 年发布的环境影响评价技术导则的总纲，首先将环境影响评价划分为两大类：专项环境影响评价和行业建设项目环境影响评价，然后又进行了更为详细的划分，具体如图 4-1 所示。

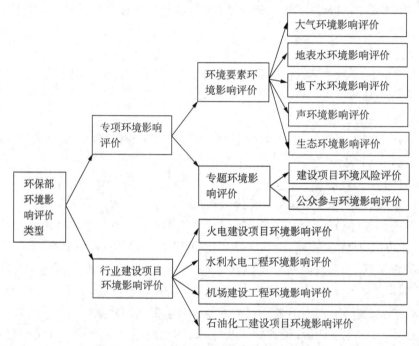

图 4-1　环保部 2011 环境影响评价类型划分

4.2　环境影响评价制度

4.2.1　概念

环境影响评价是分析预测人为活动造成环境质量变化的一种科学方法和技术手段，这种科学方法和技术被法律法规强制规定为指导人们开发活动的必须遵守的制度，这种制度叫环境影响评价制度。

4.2.2　国际环境影响评价制度的发展状况

美国是世界上第一个把环境影响评价用法律形式固定下来，并建立环境影响评价制度的国家，并于 1969 年通过了《国家环境政策法》，1970 年 1 月 1 日正式实施。继美国建立环境影响评价制度后,先后有瑞典在《环境保护法》(1970 年)、澳大利亚在《联邦环境保护法》(1974 年)、法国在《自然保护法》(1976 年)、荷兰在《环境保护法》(1993 年)中相继确立了环境影响评价制度。另外,英国于 1988 年制定了《环境影响评价条例》,德国于 1990 年制定了《环境影响评价法》,加拿大议会于 1992 年批准了《加拿大环境评价法》,俄罗斯联邦环境与自然资源保护部于 1994 年公布了《环境影响评价条例》,日本国会也于 1997 年通过了《环境影响评价法》。与此同时,国际上也设立了许多有关环境影响评价的机构,召开了一系列有关环境影响评价的会议,开展了环境影响评价的研究和交流,进一步促进了各国环境影响评价的应用与发展。1994 年由加拿大环境评价办公室(GERO)和国际评估学会(IAIA)在魁北克市联合召开了第一届国际环境影响评价部长级会议,有 52 个国家和组织机构参加了会议,会议做出了进行环境评价有效性研究的决议。

经过 40 多年的发展,已有 100 多个国家建立了环境影响评价制度。环境影响评价的内涵不断扩展,从对自然环境影响评价发展到社会环境影响评价。自然环境的影响评价不仅考虑环境污染,还注重了生态影响;开展了风险评价;开始关注累积性影响以及环境影响的后估评价;环境影响评价从最初单纯的工程项目环境影响评价,发展到区域开发环境影响评价和战略影响评价,环境影响评价方法和程序也在发展中不断地得以完善。

4.2.3　中国环境影响评价制度的发展

中国环境影响评价制度大致经历了四个阶段。

1. 引入和确立阶段(1973—1979 年)

从 1972 年联合国斯德哥尔摩人类环境会议之后,我国开始对环境影响评价制度进行探讨和研究。1973 年第一次全国环境保护会议后,环境影响评价的概念引入我国,首先在环境质量评价方面开展了工作。

1979 年,五届全国人大常委会第十一次会议通过了《环境保护法(试行)》,规定:"一切企业、事业单位的选址、设计、建设和生产,都必须注意防止对环境的污染和破坏。在进行新建、改建、扩建工程中,必须提出环境影响报告书,经过环境保护主管部门和其他有关部门审查批准后才能进行设计。"我国的环境影响评价制度正式建立起来。

2. 规范建设阶段(1979—1989 年)

1979 年《环境保护法》(试行)确立了环境影响评价制度,随后又出台了一系列法律法规,不断对环境影响评价进行规范(如环境评价认证制),在环境影响评价的内容、范围、程序以及技术方法上进行了广泛研究和探讨,取得了明显进展,环境影响评价覆盖面越来越大。"六五"期间(1980—1985 年),全国完成大中型建设项目环境影响报告书 445 项,其中有 4 项确定了原选址方案。"七五"期间(1986—1990 年),全国共完成大中型项目环境影响评价 2592 项,其中有 84 个项目(是"六五"的 20 倍)的环境影响评价指导和优化了项目选址。

3. 强化和完善阶段(1990—2002 年)

从 1989 年 12 月 26 日正式通过《中华人民共和国环境保护法》到 1998 年 11 月 29 日国务院发布《建设项目环境保护管理条例》,是建设项目环境影响评价强化和完善的阶段。主要表现在:加强了环境影响评价制度的执行力度,全国环境影响评价执行率从 1992 年的 61% 提高到 1995 年 81%;实施了污染物总量控制,强化了"清洁生产""公众参与"、和生态环境影响评价;国家实行了对环境影响评价人员实施了持证上岗培训制。全国有甲级评价证书单位 264 个,乙级单位 455 个,评价队伍达 1.1 万人,至 1998 年培训了 7 100 余人,提高了环评人员的业务素质,国家环保局发表了多部环境影响评价技术导则,为环境评价工作的规范化打下了良好的基础。

　　1998 年 11 月 29 日,国务院 253 号令发布实施《建设项目环境保护管理条例》,这是建设项目环境管理的第一个行政法规,环境影响评价作为《条例》中的第一章,对其作了详细明确规定。

　　1999 年 1 月 20—22 日,在北京第三次全国建设项目环境保护管理工作会议上,认真研究讨论了《条例》,把中国的环境影响评价制度推向了一个新的时期。1999 年 7 月国家环保总局对原环评持证(甲级)单位重新考核验收,公布了 112 个甲证单位,10 月公布了第二批甲证单位 68 个。1999 年 9 月对全国环评人员开展大规模持证上岗培训,仅 9 月份一个月全国就培训 3 800 多人。

　　4. 提高阶段(2003 年—至今)

　　2002 年 10 月,国家正式发布了我国第一部环境影响评价法,并于 2003 年 9 月 1 日正式实施,从而确立了环境影响评价的独立法律地位,以及环境影响评价从项目环境影响评价进入规划环境影响评价,这是环境影响评价制度的最新发展。

　　国家环保总局根据环境影响评价法开展了如下工作:

　　(1) 初步建立了《环境影响评价基础数据库》;

　　(2) 颁布了《规划环境影响评价技术导则》;

　　(3) 制定了《编制环境影响报告书的规划和范围》;

　　(4) 制定了《专项规划环境影响报告书审查办法》《环境影响评价审查专家库管理办法》;

　　(5) 建立了国家环境影响评价审查专家库。

　　为提高环境影响评价人员的专业素质,保证环境影响评价工作的质量,2004 年人事部与国家环保总局决定在全国环境影响评价行业施行环境影响评价工程师职业资格考试制度。对从事环境影响评价的专业技术人员提出了更高的要求。

　　为加强规划环境影响评价,2009 年 10 月 1 日我国正式施行了《规划环境影响评价条例》,与环评法相比该条例更加细化和具体,使规划环评具有更强的可操作性。

4.2.4　中国环境影响评价制度的特点

　　中国的环境影响评价制度是在借鉴外国经验的基础上,结合中国实情逐渐发展起来的。它具有如下几方面的特点。

　　(1) 以建设项目影响评价为主

　　目前我国所开展的环境影响评价绝大多数是对建设项目的,而对重大决策进行环境影响评价还没有进行。

　　(2) 具有法律强制性

　　《环境保护法》《环境质量评价法》等一系列法规都明文规定,建设项目以及改扩建项目在施工前必须进行环境影响评价,否则要追究相关部门和人员的法律责任。

　　(3) 纳入基本建设程序中

　　我国在 1998 年颁布的《建设项目环境保护管理条例》中规定,建设项目在进行可行性研究阶段或开工前,必须完成其环境影响评价的报批工作,否则,项目不得被批准。

(4) 分类管理

将大型项目或对环境影响较大的项目确定为一级评价项目,必须进行详细的环境影响评价,提交环境影响评价报告书;将小型建设项目或对环境影响不大的项目确定为三级环境影响评价项目,不需要进行详细的环境影响评价,可只填写环境影响报告表;介于两者之间的建设项目或影响,定为二级环境影响评价项目,评价要求也介于两者之间。

(5) 实行环境影响评价资格认证制度

为确保环境影响评价质量,使环境影响评价工作规范化制度化,国家对环评单位和环评人员从 20 世纪 80 年代就实行了资格认证制度。对资金、技术力量雄厚、装备精良的省部级环评单位,定为甲级评价单位,并发放相应的资格证书,持有甲级资格证的单位可以在全国范围内开展工作;对省部级以下的评价单位,定为乙级评价单位,发放乙级资格证书,持有乙级评价证的单位只能在所在地开展工作;对评价人员进行全国统一培训,经考核合格后发放上岗证,环评工程师资格认证;除此之外,国家还要对持证单位或个人进行定期或不定期的检查和考核,对不符合要求的单位和个人要取消其评价资格。

4.3　环境影响评价程序

环境影响评价是一个复杂而庞大的系统工程,要准确地评价出拟建项目或政策对环境的影响,必须遵循一定的程序,有计划、有目的、有秩序地开展工作。目前我国的环境影响评价程序大致可以分为两种类型,即管理程序和技术程序。

4.3.1　环境影响评价工作的管理程序

是由国家或地方政府的环保机构,在环境影响评价过程中所遵循的程序。该程序大致可以分为三个阶段,如图 4-2 所示。

1. 环境影响分类、筛选、确定影响类型

环境保护机构根据国家环境保护总局"分类管理名录",对申报的新建或改扩建工程进行分析,确定应编制环境影响评价报告书、环境影响报告表或填报环境影响登记表。

(1) 编写环境影响评价报告书的项目

是指对环境可能造成重大的不利影响,这些影响可能是敏感的、不可逆的、综合的或以往尚未有过的。需要对这类项目作全面的环境影响评价。

(2) 编写环境影响报告表的项目

是指可能对环境产生有限的不利影响,这些影响是较小的,或者是减缓环境影响的补救措施是很容易找到的,通过规划控制或补救措施可以减缓对环境的影响。这类项目可直接编写环境影响报告表,对其中个别环境要素或污染因子需要进一步分析的,可附单项环境影响评价专题报告。

(3) 对环境不产生不利影响或影响极小的建设项目

这类项目不需要开展环境影响评价,只填报环境保护管理登记表。

根据分类原则确定评价类别,如需要进行环境影响评价,则由建设单位委托有相应评价资格证书的单位来承担。

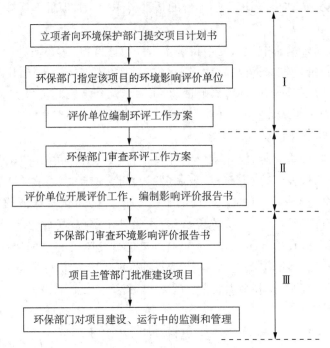

图 4 - 2   环境影响评价工作的管理程序

建设项目环境影响评价分类管理,体现了管理的科学性,即保证批准建设的新项目不对环境产生重大不利影响,又加快了项目前期工作进度,简化了手续,促进经济建设。

2. 评价大纲的审查

评价单位接收建设单位委托后,编写项目环境影响评价计划,建设单位向负责审批的环境部门申报,并抄送行业主管部门。环境保护部门根据情况确定审评方式,提出审查意见。

3. 环境影响评价报告书的审批

项目环境影响评价报告完成后由建设单位负责提出,报主管部门预审,主管部门提出预审批意见后转报负责审批的环境保护部门审批。

各级主管部门和环保部门在审批环境影响评价报告书时应贯彻以下原则:

① 审查该项目是否符合国家产业政策。

② 审查该项目是否符合城市环境功能区划和城市总体发展规划,做到合理布局。

③ 审查该项目的技术与装备政策是否符合清洁生产。

④ 审查该项目是否做到了污染物达标排放。

⑤ 审查该项目是否满足国家和地方规定的污染物总量控制指标。

⑥ 审查该项目建成后是否能维持地区环境质量,符合功能区要求。

4.3.2   环境影响评价工作的技术程序

环境影响评价单位接收项目建设单位委托后,在开展评价过程中所遵循的技术程序见图 4 - 3。

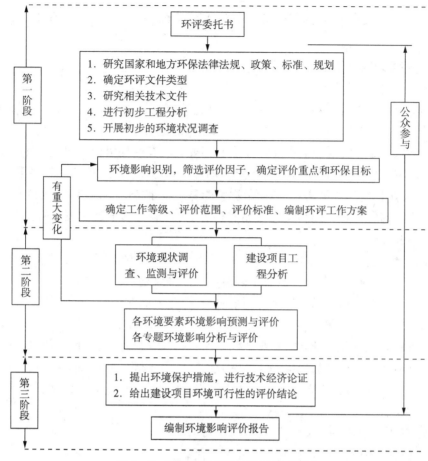

图 4-3　环境影响评价工作的技术程序

从图中可以看出环境影响评价工作程序大体分为三个阶段：

1. 准备阶段

由建设单位向环保审批部门提交批准的建设项目建议书。环保审批部门确定项目的影响类型。需要影响评价的工程由项目建设单位委托具有相应评价资格的评价单位进行评价。评价单位接受项目后,研究有关文件进行初步的工程分析、环境现状调查,筛选重点评价对象(环境要素指标),确定环境影响评价的等级(一、二、三),编写评价大纲。即:项目→环保主管部门→审定项目的影响类型→委托评价单位→评价大纲→环保主管审批→环评单位开展工作。

2. 正式工作阶段

环评单位根据审批过的评价大纲要求开展工作,编制监测分析、参数测定、野外试验、室内模拟、数据处理、仪器校正等质保大纲。具体工作包括:①详细的工程分析(确定污染源位置,污染物种类、数量);②现状调查和评价;③环境影响预测与评价。

3. 报告书编制阶段

其主要工作为汇总、分析第二阶段工作所得到的各种资料、数据,得出结论,完成环境影响评价报告书的编制。

4.4　环境影响识别及环境影响评价因子的筛选

4.4.1　环境影响识别

1. 环境影响识别的内容

通过系统地研究人类活动与环境要素之间所发生的关系,找出人类活动的影响因子(污染、生态破坏等)、影响的对象(大气、水、土壤等)、影响程度、影响方式。

影响程度取决于人类活动的强度和环境的容载力。有些环境影响可能是深远和显著的,特别是不利影响,这就需要在项目决策之前更加详细地了解其影响程度,需要采取的减缓和保护措施,以及防护后的效果;有些环境影响可能是微不足道的,对项目决策和管理没什么影响。环境影响识别就是要区分和筛选出那些显著的、可能影响项目决策和管理的、需要进一步评价的、不利的环境影响。

在环境影响识别中,通常采用一些定性的术语来描述其影响程度,如重大、轻度、微小等,尽管这些术语没有"量"的概念,但是对于影响程度的排序是非常重要的。

建设项目对环境的影响通常划分为四个阶段:①建设期前影响,包括勘探、选址、选线、可行性研究、设计等;②建设期,在项目施工期间对环境的影响;③运行期,是指项目建成后,进入正常的运行期间,对环境的影响;④服务期满,是指项目报废后对环境的影响。不同的项目在上述不同的时期内对环境的影响是不尽相同的,例如有废气排放的工厂,在运行期对大气环境有影响,到了工厂服务期满后就不会对大气产生影响;再如煤矿在矿井报废后,对环境的影响并没有停止。

2. 环境影响识别的切入点

在进行环境影响识别时,可以从以下几个方面切入:

(1) 项目本身的特性,如类型、规模等。

(2) 项目所在地的环境特性及环境保护要求。

(3) 项目所在地的环境敏感区、敏感目标。

(4) 从自然环境和社会环境两方面识别环境影响。

(5) 重点对社会关注的和重要的环境要素进行识别。

3. 环境影响的识别方法

(1) 清单法

就是将可能受开发活动影响的环境因子和可能产生的影响性质,在一张表格上一一列出的识别方法。目前普遍使用的清单法主要有简单型、描述型和分级型三种。

简单型:仅仅是一个可能受影响的环境因子表,不作任何说明。该表格只能用作环境影响识别的定性分析,不能作为决策的依据。

描述型:在简单型的基础上增加了环境因子的影响度量。

分级型:在描述型清单的基础上,又增加了环境影响程度的分级。

世界银行《环境评价资源手册》按工业、能源、水利、交通、农业、森林、市政工程等大类,分别编制了环境影响识别表。

（2）矩阵法

矩阵法是清单法的发展，它是将项目的各项活动和受影响的环境要素按行、列排列，组成一个矩阵，从而建立起直接的因果关系，以定性或半定量的方式进行环境影响识别。该类方法有相关矩阵法和迭代矩阵法两种。在环境影响识别中主要采用相关矩阵法，见表4-1。

表4-1 定性相关矩阵法环境影响识别

环境/项目	施工期			运行期			报废期			合计	备注
	初	中	晚	初	中	晚	初	中	晚		
大气环境											
水环境											★有利影响
土壤环境											●不利影响
生态环境											○无影响
合计											

[例4-1] 某地拟建一个以茅草为原料的纸浆厂，采用相关矩阵法进行环境影响识别。不利影响用"—"表示，影响大小以"1～9"的数字来表示，影响的重要性或权重也以"1～9"的数字来表示，两者用"＊"分开，同时也表示两者相乘，见表4-2。

表4-2 半定量相关矩阵法环境影响识别

活动＼环境	工程建设	茅草种植	农药化肥	原料运输	取水	固体废物	废水排放	废气排放	就业	合计
地面水质			—6＊5			—4＊4	—9＊8		—5＊5	—143
地面水文					—1＊7					—7
空气质量	—3＊6			—2＊6				—4＊5		—50
渔业			—2＊6				—4＊5			—32
水生生态			—2＊6				—4＊5			—32
陆生野生物栖息地	—3＊4									—12
陆生野生物	—2＊5									—10
土地利用	—5＊6	8＊7								26
公路铁路				—6＊5						—30
供水			—3＊6				—2＊7		2＊5	—22
农业		7＊7								49
住房									7＊6	42
人群健康						—3＊5	—2＊8	—2＊6		—43
社会经济		6＊6							8＊8	100
合计	—70	141	—70	—42	—7	—31	—136	—32	91	—156

从矩阵的列表可以看出,只有茅草种植和就业两项活动的影响是有利的,其他均为不利,最不利的影响是废水排放;从矩阵的行可以看出,整个活动对土地利用、农业、住房和社会经济是有利的,至于其他均为不利,最为不利的是地面水质;整个项目的综合影响也是不利的。

（3）叠图法

主要是针对涉及地理范围较大的大型建设项目。其方法是将各种影响分别制作成环境影响图,然后叠加在一张地图上,构成一张综合环境影响图,从该图上可以直接看出项目对环境影响的性质、程度和范围。

（4）网络法

利用因果关系分析网络,来解释和描述拟建项目的各种活动对环境的影响。该方法除具有矩阵法的功能之外,还可识别间接影响和累积影响,是环境影响识别方法的较新成果。

4.4.2　环境影响评价因子的筛选

在正式开展环境影响评价之前,需要对评价对象（因子或指标）有所选择。具体的方法是:首先根据上述环境影响识别的结果,结合区域环境功能要求、环境保护目标,采用一定的方法筛选出评价因子。筛选出的评价因子,必须能够反映环境影响的主要特征、区域环境的基本状况、建设项目的特点和排污特征。鉴于各环境要素的特性,以下仅对大气和水环境影响评价因子的筛选进行简单介绍。

1. 大气环境影响评价因子的筛选

（1）选择拟建项目中等标排放量 P_i（m^3/h）较大的污染物为首要评价因子。

$$P_i = (Q_i/C_{0i}) \times 10^9 \tag{4-1}$$

式中,Q_i 为第 i 类污染物的排放量,t/h;C_{0i} 为第 i 类污染物的空气质量标准,mg/m³。

空气质量标准要选用 GB3095 中的二级标准的 1 h 平均值进行计算;如果该标准中没有所要评价的指标,可选用《工业企业设计卫生标准》中的指标;如果上述标准中没有 1 h 平均浓度值,可采用日平均浓度的 3 倍值来作为 1 h 平均浓度值;对于致癌物、毒性可积累物或毒性较大物（苯、铅、汞等）可直接采用日均浓度为 1 h 平均浓度值。

（2）在评价区内已经造成严重污染的污染物为第二评价因子。

（3）被列入国家总量控制指标的污染物为第三评价因子。

2. 地表水环境影响评价因子的筛选

该类评价因子的筛选可先从以下三方面着手调查。

（1）常规水质参数,根据项目所涉及的水域类别、评价等级、污染源状况,从《地表水环境质量标准》GB3838—2002 中所列举的指标中选取。

（2）特殊水质参数,根据建设项目的特点、所涉及水域的类别和评价等级,在建设项目所属行业的特征水质参数表中选取。

（3）其他方面的参数,当项目涉及水域环境质量要求高（自然保护区、引用水源地、珍贵生物保护区、经济渔业区）,评价等级为一、二级,应调查水生生物（浮游生物、藻类、底栖无脊椎动物的种类、数量、生物群落结构）和底质（主要调查与项目排水有关的、易积累的污染物）。

根据上述调查结果,选取对地表水环境危害较大、国家和地方要求控制的污染物作为评价因子。

对于河流环境,可采用下式对所调查数据计算出环境影响指数 ISE 值,选取 ISE 最大值作为评价因子。

$$ISE = \frac{C_{pi}Q_{pi}}{(C_{si} - C_{hi})Q_{hi}} \qquad (4-2)$$

式中，C_{pi} 为第 i 种污染物的排放浓度，mg/L；C_{si} 为第 i 种污染物的水质标准，mg/L；C_{hi} 为第 i 种污染物的河流上游浓度，mg/L；Q_{pi} 为含第 i 种污染物的废水排放量，m³/s；Q_{hi} 为河流上游来水量，m³/s。

4.5　环境影响评价工作等级的划分

拟建项目的实施对环境有影响这是绝对的，至于影响的程度有多大，这却是相对的，所谓相对是相对于项目的规模性质，以及项目所在地的环境条件而言的，在同一地区建设不同性质，不同规模的项目，对这个地区的环境影响是不同的；同一规模和性质的工程项目建在不同的地区，所产生的环境影响也是不同的。因此，在开展环境影响评价之前（环境影响评价的准备阶段），必须对拟建项目的本身特点以及项目所在地的环境特点进行研究，确定出项目对环境影响的程度，并根据影响程度划分出评价的等级。评价等级一方面反映了拟建项目对环境影响的大小，另一方面也反映了在环境影响评价过程中，所开展工作的详细程度和要求。因此，评价等级的划分决定着评价结果的精度和可靠性，是评价工作中最重要的内容之一，必须认真对待。

1. 评价等级划分的依据

在进行评价等级划分时一般根据以下几点：

（1）拟建项目的工程特点，主要包括：工程性质、规模、能源及资源（包括水）的使用量及类型、污染物排放（排放量、排放方式、去向、主要污染物的种类、性质、浓度）等。

（2）拟建项目所在地的环境特点，主要有自然环境的特点、社会经济环境状况、环境质量状况及环境的敏感程度。

（3）国家或地方政府所颁布的有关法规（包括环境质量标准、污染物排放标准）。

2. 评价等级划分的原则

在评价等级划分过程中，一般将评价等级划分为一、二、三级。一级评价要求对环境影响进行全面、详细、深入评价，二级评价对环境影响进行较为详细、深入评价，三级评价可只进行环境影响分析。低于三级的项目，不需要编制环境影响评价报告书，仅填写《建设项目影响报告表》。

一般情况，建设项目的环境影响评价包括一个以上的单项影响评价，每个单项影响评价的工作等级不一定相同。

4.6　建设项目的工程分析

4.6.1　工程分析的目的和意义

工程分析是对拟建项目的工程方案和整个工程活动进行全面的剖析，查找出影响环境的因素，并对这些因素进行定量的描述，为环境影响预测和影响评价工作提供基础数据。

工程分析又是环境影响预测和评价的基础,并且贯穿于整个评价工作的全过程,因此常把工程分析作为评价工作的独立专题。"工程分析"专题的作用集中反映在下列四个方面:

1. 为项目决策提供依据

在一般情况下,是从环保角度对项目的性质、规模、产品结构、原料、生产工艺、设备、能源、技术经济指标、总体布局、占地等作出分析并结合当地环境条件及现行法规对项目进行肯定和否决。

(1) 在特定或敏感的环境保护地区,如生活居住区、文教区、水源保护区、名胜古迹与风景游览区、疗养地、自然保护区等法定界区内布置有污染影响并且足以构成危害的建设项目时,可以直接作出否定的结论。

(2) 通过工程分析发现改、扩建项目与技术改造项目实施后,污染状况比现状有明显改善时,一般可作出肯定的结论。

(3) 在水资源紧缺地区布置大量耗水型建设项目,若无妥善解决供水的措施,可以作出改变产品结构和限制生产规模的批复,或否定建设项目的结论。

(4) 对于在自净能力差或环境容量接近饱和的地区安排建设项目,通过工程分析,发现该项目的污染物排放量可增大现状负荷,而且又无法从区域进行调整控制的,原则上可作出否定的结论。

2. 弥补"可行性研究报告"对建设项目产污环节和源强估算的不足

项目可行性研究报告中所提供的产污部位,产污强度往往不能满足环境影响评价的要求,因此,在进行环境影响评价时,必须重新对工程的产污状况进行详细的分析和核算,以便为评价提供可靠的基础数据。

3. 为环保设计提供优化建议

通过工程分析可以发现生产工艺、设备以及布局在环保方面存在的问题,因此工程分析结果可以作为环保设计的参考。另外,工程分析对环保措施方案中拟选工艺、设备及其先进性、可靠性、实用性所提出的剖析意见是优化环保设计不可缺少的资料。

4. 为项目的环境管理提供建议指标和科学数据

工程分析筛选的主要污染因子是日常管理的对象,为保护环境所核定的污染物排放总量是开发建设活动进行控制的建议指标。

4.6.2　工程分析的类型与重点及阶段划分

根据拟建工程对环境的影响方式和途径不同,经常将工程分为以污染物排放对大气、水、土壤、声环境产生污染影响为主和以生态影响为主两种,当然也有一些工程既具有污染影响的特性又具有生态影响的特性。对于工程分析来讲,同样具有与之相对应的类型,即污染影响型工程分析和生态影响型工程分析。

污染影响型工程分析要以项目的工艺过程分析为重点,其核心是确定工程污染源,当然也不可忽略污染物的非正常排放。

生态影响型工程分析应以占地、项目建设期、项目运行期对生态环境的影响为重点,其核心是确定工程的主要生态影响因素。

工程分析一般分建设或施工期、运行期、服务期满后三个阶段进行。

4.6.3　工程分析的方法

建设项目的工程分析一般是根据项目规划、可行性研究和设计方案等技术资料开展工作。但是,有些建设项目,如大型资源开发、水利工程建设以及国外引进项目、在可行性研究阶段所能提供的工程技术资料不能满足工程分析的需要时,可以根据具体情况选用其他适用的方法进行工程分析。目前可供选用的方法有类比法、物料衡算法、资料复用法、实测法和实验法。比较常用的是前三种。

1. 类比法

类比法是利用与拟建项目类型相同的现有项目的设计资料或实测数据进行工程分析的常用方法,该方法花费时间长、工作量大、结果较准确。在评价时间允许,评价工作等级较高,又有可参考的相同或相似的现有工程时,应采用这种方法。采用此法时,为提高类比数据的准确性,应充分注意分析对象与类比对象之间的相似性。如:

(1) 工程一般特征的相似性

所谓一般特征包括建设项目的性质,建设规模、车间组成、产品结构、工艺路线、生产方法、原料、燃料来源与成分、用水量和设备类型等。

(2) 污染物排放特征的相似性

包括污染物排放类型、浓度、强度与数量、排放方式与去向,以及污染方式与途径等。

(3) 环境特征的相似性

包括气象条件、地貌状况、生态特点、环境功能以及区域污染情况等方面的相似性。因为在生产建设中常会遇到这种情况,即某污染物在甲地是主要污染因素,在乙地则可能是次要因素,甚至是可被忽略的因素。类比法也常用单位产品的经验排污系数计算污染物排放量。采用时必须注意,一定要根据生产规模等工程特征和生产管理以及外部因素等实际情况进行必要的修正。

经验排污系数的计算公式:

$$A = A_D \times M \tag{4-1}$$
$$A_D = B_D - (a_D + b_D + c_D + d_D) \tag{4-2}$$

式中,A 为某种污染物的排放量;M 为产品量;A_D 为单位产品某种污染物排放量;B_D 为单位产品投入或生成某种污染物的量;a_D 为单位产品中某种污染物的量;b_D 为单位产品所生成的副产品、回收品中某种污染物的量;c_D 为单位产品分解转化掉的污染物量;d_D 为单位产品被净化掉的污染物量。

采用经验排污系数法计算污染物排放量时,必须对生产工艺、化学反应、副反应、和管理等情况进行全面了解,掌握原料、辅料、燃料的成分和消耗的定额。

2. 物料衡算法

(见第 3 章-环境质量现状评价)

3. 资料复用法

此法是利用同类工程已有的环境影响评价报告书,或可行性研究报告等资料进行工程分析的方法。虽然此法较为简便,但所得数据的准确性很难保证,所以只能在评价工作等级较低的建设项目工程分析中使用。

4.6.4 工程分析的内容

工程分析的工作内容,原则上应根据建设项目的工程特征,包括建设项目的类型、性质、规模、开发建设方式与强度、能源与资源用量、污染物排放特征,以及项目所在地的环境条件来确定,其工作内容通常包括下列九个部分。

1. 工程基本数据

建设项目的规模、主要生产设备、公用及贮运装置、平面布置;主要原辅料及其他物料的理化性质、毒理特征及其消耗量;能源消耗量、来源及其储运方式;原料及燃料的类别、构成与成分;产品及中间体的性质和数量;物料、燃料、水、污染物平衡;工程占地类型及数量,土石方量,取弃土量;建设周期、运行参数及总投资等。

2. 污染影响因素分析

绘制包含产物环节的生产工艺流程图,分析各种污染物的产生、排放情况;分析建设项目存在的具有致癌、致畸、致突变物及具有持久性影响的污染物来源、转移途径和流向;给出噪声、振动、热、光、放射性及电磁辐射等污染物的来源、特性及强度等;各种治理、回收、利用、减缓措施状况等。

3. 生态影响因素分析

明确生态影响因子,结合项目所在地的环境特征和工程特征,识别、分析项目实施过程中的影响性质、作用方式和影响后果,分析生态影响的范围、性质、特点和程度。

4. 原辅料、产品、废物的储运

通过对项目原辅料、产品、废物等的装卸、搬运、储藏、预处理等环节的分析,核定各环节污染的来源、种类、性质、排放方式、强度、去向及达标情况等。

5. 交通运输

给出运输方式(公路、铁路、航运等),分析由于建设项目的施工和运行,使当地及附近地区交通运输量增加所带来的环境影响(包括影响的类型、因子、性质及强度)。

6. 公用工程

给出水、电、气、燃料等辅助材料的来源、种类、性质、用途、消耗量等,并对其来源及可靠性进行论证。

7. 非正常工况分析

对项目在运行阶段的开车、停车、检修等非正常排放时的污染物进行分析,找出非正常排放的来源,给出非正常排放污染物的种类、成分、数量与强度;产生环节、原因、发生频率及控制措施等。

8. 环保措施和设备

按环境影响要素分别说明工程方案已采取的环保措施和设施,给出环保设施的工艺流程、处理规模、处理效果。

9. 污染物排放统计汇总

对建设项目有组织、正常工况与非正常工况排放的污染物浓度、排放量、排放方式、排放条件及去向等进行统计和汇总。

4.7　项目所在地环境现状调查及评价

4.7.1　环境现状调查的原则

(1)根据建设项目所在地的环境特点,结合各单项影响评价的工作等级,确定各环境要素的现状调查范围,并筛选出应调查的有关参数。

(2) 环境现状调查时,首先应搜集现有资料,当收集的资料不能满足要求时,再进行现场调查和测试。

(3) 环境现状调查,对环境中与评价项目有密切关系的部分(如大气、地面水、地下水等)应全面、详细地对这些部分环境质量现状已有的定量数据作出分析或评价;对一般自然环境与社会环境的调查,应根据评价地区的实际情况适当增减。

4.7.2　环境现状调查的方法

主要有收集资料法、现场调查法、遥感和地理信息系统分析法等。

4.7.3　调查与评价的内容

1. 自然环境现状调查

包括地理地质、地形地貌、气候与气象、水文、土壤、水土流失、生态、水环境、大气环境、声环境等。

2. 社会环境现状调查

包括人口、工业、农业、能源、土地利用、交通运输等现状及其发展规划、环保规划等。当拟建项目排放有毒有害污染物时,应进行人群健康调查。

3. 环境质量和区域污染源调查与评价

(1) 根据建设项目的特点和可能产生的环境影响以及当地环境特征,选择环境要素进行调查与评价。

(2) 调查评价范围内的环境功能区划和主要环境敏感区,收集评价范围内各例行监测点、断面和站位的近期环境监测资料或背景调查资料,以环境功能区为主,兼顾均匀性和代表性布设监测点位。

(3) 确定污染源调查的主要对象。选择建设项目等排放量较大的污染因子、影响评价区环境质量的主要污染因子和特殊因子、建设项目特殊污染因子,作为调查的主要对象。注意点源与非点源的分类调查。

(4) 采用单因子污染指数法或相关标准规定的评价方法,对选定的评价因子及各环境要素的质量现状进行评价,并说明环境质量的变化趋势。

(5) 根据调查和评价结果,分析存在的环境问题,提出解决问题的方法或途径。

4. 其他环境质量现状调查

根据当地环境状况和项目特点,决定是否进行放射性、光与电磁辐射、振动、地面下沉等环境状况的调查。

4.8　环境影响预测

环境影响预测,就是对能代表评价区环境质量的各种环境因子的变化进行预测。这是环境影响评价中最关键的一项工作。

4.8.1　预测时应遵循的原则

1. 预测的范围、时段、内容及方法

均应根据其评价工作的等级、工程与环境特性、当地的环保要求而定。

2. 预测和评价的环境因子

应包括能反映评价区一般环境质量状况的常规因子,能反映建设项目特征的特性因子。

3. 环境影响的叠加

在进行环境影响预测和评价时,要考虑环境质量背景与已建、在建项目同类污染物的环境影响叠加。

4. 环境质量不符合环境功能要求

要结合当地环境整治计划,进行环境质量变化预测。

4.8.2　预测的方法

目前使用较多的预测方法有数学模式法、物理模型法、类比调查法、专业判断法。这些方法各有优缺点(表4-3),在预测时应选用通用、成熟、简便并能满足准确度要求的方法。

表4-3　常用环境影响预测方法

方　法	特　　　点	应　用　条　件
数学模式法	计算简便,结果定量,需要一定的计算条件,输入必要的参数和数据	模式应用条件不满足时,要进行模式修正和验证,要首先考虑采用此法
物理模型法	定量化和再现性好,能反映复杂的环境特征	需要合适的试验条件和必要的基础数据,在无法采用上述方法,而精度要求又高时,应采用此法
类比调查法	半定量反应环境影响	在时间紧,无法取得参数和数据,不能采用上述两法,精度要求不高时,可选用此法
专业判断法	定性反应环境影响	某些项目不能定量,或上述三种方法不能采用时,可选用此法

4.8.3　预测阶段和时段

建设项目对环境的影响往往呈现出一定的规律性,从项目实施过程以及对环境影响的特点上看一般可以划分为三个阶段:建设阶段、运行阶段、服务期满阶段。在时间上,项目对环境的影响还呈现出周期性,冬、夏季,枯、丰水期。在预测时就需要对工程进行影响时期、时段的分析,并对相应的时期和时段进行预测。除此之外,还要对工程的非常时期(事故排放)进行预测。

4.8.4　预测范围及预测点

预测范围的大小和形状(正方形、长方形、扇形……)取决于评价等级、工程和环境的特性。一般情况下,预测范围等于或略小于现状评价的范围。在预测范围内应布置适当的预测点,预测点的位置和数量除覆盖现状监测点外,还要根据工程和环境的特点以及环境功能要求而定。

4.8.5　预测内容

主要是对能反映各种环境质量的参数进行预测,环境质量参数包括两类,一类是反映一般环境质量状况的常规参数;另一类是反映建设项目独有的特征参数。在预测时选用哪些参数、选择多少,这要结合工程和环境的特点,以及当地环境要求和评价等级来定。

4.9　环境影响评价

对建设项目进行环境影响评价,就是根据环境预测的结果,结合前面所开展的一系列工作,运用一定的方法对建设项目产生的环境影响(包括影响范围、影响程度、影响性质)进行定量或定性的评价。评价的方法较多,归纳起来大致可分为单项和多项评价两种。

4.9.1　单项评价

单项评价是以国家、地方的有关法规、标准为依据,评定与估算单个质量参数的环境影响,在评价过程中要注意:

(1) 预测值未包括现状值(背景值)时,应叠加上现状值后再进行评价;

(2) 各预测点在不同情况下的预测值均要进行评价;

(3) 评价要有重点,影响重要的环境质量参数要评价影响的特性、范围、大小及重要程度,影响不大的参数可简略。

4.9.2　多项评价

多项评价是对多个质量参数的综合评价。其评价结果可以反映出多指标共同影响的结果,因此在决策过程中经常使用,但也不是所有预测的参数都参与评价,而是有重点地选择适当的参数进行评价。

4.10　环境影响评价报告书的编制

4.10.1　编制原则

环境影响报告书是环境影响评价的书面表现形式之一,是环境影响评价项目的重要技术文件,在编写时应遵循下列原则:

(1) 环境影响报告书应该全面、客观、公正、概括地反映环境影响评价的全部工作。

(2) 文字应简洁、准确,图像要清晰,论点要明确。大(复杂)项目,应有主报告和分报告(或附件)。主报告简明扼要,分报告要把专题报告、计算依据列入。

4.10.2　编制内容

环境影响报告书应根据环境和工程的特点及评价工作等级选择下列全部或部分内容进行编制。

1. 前言

简要说明建设项目的特点、环境影响评价的工作过程、关注的主要环境问题及环境影响报告书的主要结论。

2. 总则

(1) 编制依据

包括建设项目应执行的相关法律法规、相关政策及规划、相关导则及技术规范、有关技术文件和工作文件,以及环境影响报告书编制中引用的资料等。

(2) 评价因子与评价标准

分别列出现状评价因子、预测评价因子,给出各评价因子所执行的环境质量标准、排放标准、其他有关标准及具体限值。

（3）评价等级和评价重点

说明各专项评价工作等级，明确重点评价内容。

（4）评价范围及环境敏感区

以图、表形式说明，评价范围和各环境要素的环境功能类别或级别，各环境要素环境敏感区和功能及其与建设项目的相对位置关系等。

（5）相关规划及环境功能区划

以图、表形式说明建设项目所在城镇、区域或流域发展总体规划、环保规划、生态保护规划、环境功能区划或保护区规划等。

3．建设项目概况与工程分析

采用图表结合文字的方式，概要说明建设项目的基本情况、组成、主要工艺路线、工程布置，以及与原有、在建工程的关系。

对建设项目的全部组成和施工期、运行期、服务期满后的环境影响因素及其影响特征、程度、方式等进行分析与说明；从保护周围环境、景观及环境保护目标要求出发，分析总图及规划布置方案的合理性。

4．环境现状调查与评价

根据当地环境特征、建设项目的特点和专项评价设置情况，从自然环境、社会环境、环境质量和区域污染源等方面选择相应内容进行现状调查与评价。

5．环境影响预测与评价

给出预测时段、预测内容、预测范围、预测方法及预测结果，并根据环境质量标准或评价指标对建设项目的环境影响进行评价。

6．社会环境影响评价

明确建设项目可能产生的社会环境影响，定量预测或定性描述社会环境影响评价因子的变化情况，提出降低影响的对策与措施。

7．环境风险评价

根据建设项目环境风险识别与分析情况，给出环境风险评估后果、环境风险的可接受程度，从环境风险角度论证建设项目的可行性，提出具体可行的风险防范措施和应急预案。

8．环境保护措施及其经济、技术论证

明确建设项目拟采取的具体环保措施。结合环境影响评价结果，论证建设项目拟采取环保措施的可行性，并按技术先进、实用有效的原则，进行多方案比较，推荐最佳方案。

按工程实施的不同时段，分别列出其环保投资额，并分析其合理性。给出各项措施及投资估算一览表。

9．清洁生产分析和循环经济

量化分析建设项目的清洁生产水平，提高资源利用率、优化废物处置途径，提出节能、降耗、提高清洁生产水平的改进措施与建议。

10．污染物排放总量控制

根据国家和地方总量控制要求、区域总量控制的实际情况和建设项目主要污染物排放指标分析情况，提出污染物总量控制指标建议和满足指标要求的环保措施。

11. 环境影响经济损益分析

根据建设项目环境影响所造成的经济损失与效益分析结果,提出补偿措施与建议。

12. 环境管理与监测

根据建设项目环境影响情况,提出设计、施工期、运行期的环境管理及监测计划要求,包括环境管理制度、机构、人员、监测点位、时间、频次、因子等。

13. 公众意见调查

给出调查方式、对象、建设项目的环境影响信息、拟采取的环保措施、公众对环保的主要意见、公众意见的采纳情况等。

14. 方案比选

建设项目的选址、选线和规模,应从是否与规划相协调、是否符合法规要求、是否满足环境功能要求、是否影响环境敏感区或造成重大资源经济和社会文化损失等方面进行环境合理性论证。如果需要进行多个厂址或选线方案的优选时,应对各方案的环境影响进行全面比较,从环保角度提出选址、选线意见。

15. 环境影响评价结论

是全部评价工作的结论,应在概括全部评价工作的基础上,简洁、准确、客观地总结建设项目实施过程各阶段的生产和生活活动与当地环境关系,明确一般情况下和特定情况下的环境影响,规定采取的环保措施,从环保角度分析,得出建设项目是否可行的结论。

结论一般包括:项目的建设概况、环境现状、主要的环境问题、环境影响预测与评价结论、项目建设的环境可行性、结论与建议等内容。

环境可行性结论应从与法规、政策、相关规划一致性,清洁生产和污染物排放水平,环保措施可靠性和合理性,达标排放稳定性,公众参与接受性等方面分析得出。

第5章 大气环境影响预测及评价

5.1 概 述

5.1.1 大气环境污染

是指大气环境因某种物质的介入,使大气环境的物质组成、物理、化学和生物特性发生改变,影响大气的有效利用,危害人体健康和生态破坏。

大气环境污染主要取决于两方面的因素。一是大气污染物的排放,二是大气(气象或扩散)条件。一般来讲,在一定的气象条件下,大气污染物排放越多,大气污染越严重;但是在相同的排放情况下,由于气象条件的不同,大气污染程度却有着很大的差别,尤其是在不利的气象条件下(如逆温),即便是污染物排放量较少,大气污染程度甚至高于排放量多的情况。正因为如此,使得大气环境影响评价更加重视这两方面的研究。

1. 大气污染物排放源

大气污染源是指将大气污染物排放到大气中的设备、装置和场所。不同的研究目的,会采用不同的分类依据对污染源进行分类,从而产生不同的污染源类型。根据大气环境影响评价的需要,通常依据污染源的形态,将大气污染源分为以下四种。

(1)点状污染源,污染物呈点状集中排放的固定污染源,如烟囱、集气筒等。

(2)线状污染源,污染物呈线状排放或者由移动源构成线状排放的污染源,如道路机动车、航线飞机或轮船排放。

(3)面状污染源,在一定区域范围内,以低矮密集的方式自地面或近地面的高度排放污染物的源,如工艺过程中的无组织排放,储存堆、渣场等排放源的排放。

(4)体状污染源,由源本身或附近建筑物的空气动力学作用使污染物呈一定体积向大气排放的源,如焦炉炉体、屋顶天窗等。

2. 大气污染物及其分类

污染源排放到大气中的污染大气的物质叫大气污染物。

根据大气污染物的存在形态,可以将其划分为气态污染物和颗粒污染物。但是,当颗粒直径小于 15 μm 时,仍将其划归为气态污染物。

3. 大气(气象或扩散)条件

大气是指存在于地球四周,并随地球一起运转的层状气体,因其层状形态也称之为大气层。从地球表面开始向高空方向,大气的物质组成和温度存在有极大的差异,据此可将其划分为对流层、平流层、中间层、电离层和逸散层。

对流层距地球最近,与人类的生存息息相关,其内部存在着极为复杂的自然现象:雷电、风、雨、雪、霜、雾等,大气污染也时常发生在这里。决定大气污染的因素主要有两类:动力因子和热力因子。

动力因子是指风和湍流,风是矢量,具有方向和大小,风向决定着污染物迁移运动的方向,风速决定着污染物的扩散稀释的程度;湍流也叫乱流,是大气不规则的流动,即湍流没有方向仅有大小,其大小同样决定着大气污染物的稀释扩散程度。当大气动力因子较弱时,大气污染物不易稀释扩散,容易发生空气污染。

热力因子主要是指气温,在对流层内,通常情况下,温度是随高度增加而降低,海拔高度每升高 100 米,温度下降 0.65℃;有时会出现温度随高度增加而增加,这种现象叫做逆温现象。逆温通常出现在大气动力条件相对较弱的条件下,这就使得大气污染物的扩散受到很大程度的限制,从而引起大气污染。

正因为大气的动力因子和热力因子决定着大气环境的污染程度,才使得两者成为大气环境影响评价研究的重点。

5.1.2　大气环境影响评价的基本任务

大气环境影响评价的基本任务是从保护环境的目的出发,通过调查、预测等手段,分析、判断建设项目在建设施工期、建成后生产期以及服务期满后所排放的大气污染物对大气环境质量影响的程度和范围,为建设项目的厂址选择、污染源设置、制定大气污染防治措施以及其他有关的工程设计提供科学依据或指导性意见。

5.1.3　大气环境影响评价的工作程序

大气环境影响评价工作程序可分为三个阶段,见图 5-1。

第一阶段为准备阶段,主要工作为研究有关文件,进行初步的工程分析、环境空气质量现状调查、环境空气敏感区调查、评价因子筛选、评价标准的确定、气象特征调查、地形特征调查、确定评价工作等级和编制评价大纲。

第二阶段为正式工作阶段,主要工作包括污染源调查与核实、环境空气质量现状监测、气象观测资料调查与分析、地形数据收集、大气环境影响预测与评价等。

第三阶段为总结阶段,主要工作包括给出大气环境影响评价结论与建议,完成环境影响评价文件的编写等。

总之,环境影响评价工作程序的主要内容大致可按"三三制"来理解和记忆:①总体三阶段——准备、正式工作、编报告;②正式工作三部分——调查、预测、评价;③调查三方面——污染源、气象条件、环境质量现状。

5.1.4　大气环境影响评价等级的划分和评价范围的确定

划分评价等级的目的是为了区别对待不同的评价对象,使评价结果更加准确可靠,使评价工作更为有效(尽可能节约经费和时间),划分工作的程序和内容如下:

1. 环境影响识别与评价因子选择

按环境影响评价技术导则的总纲 HJ/T2.1—2011 的要求识别大气环境影响因素,筛选出大气环境影响评价因子。具体的做法是:首选占标率最大的污染物作为评价因子,其次选择特征污染物作为评价因子,再选择列入国家主要污染物总量控制的指标作为评价因子。

2. 评价标准的确定

确定各评价因子所采用的环境质量标准,并说明所采用标准的选择依据。

3. 评价等级划分方法

划分原则是:根据项目主要污染物的排放量,项目所在地的环境特点以及当地应执行的

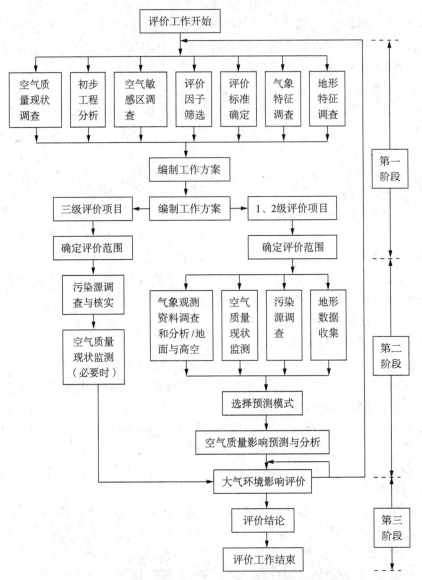

图 5-1　大气环境影响评价工作程序

大气环境质量标准,将项目评价等级划分为:一、二、三级。划分的方法是:首先对项目进行初步的工程分析,选择 1～3 个主要污染物,根据式(5-1)分别计算每一种污染物的最大地面质量浓度占标率 P_i,及第 i 个污染物的地面质量浓度达到标准 10% 时所对应的最远距离 $D_{10\%}$。

$$P_i = \frac{C_i}{C_{0i}} \times 100\% \qquad (5-1)$$

式中　P_i——第 i 个污染物的最大地面质量浓度占标率,%;

　　　C_i——采用估算模式计算出的第 i 个污染物的最大地面质量浓度,mg/m^3;

　　　C_{0i}——第 i 个污染物空气质量标准(GB3095)二级,一小时平均值,mg/m^3。

如果没有小时浓度限制,可采用日平均浓度限制的三倍值;如果标准中未包含的污染物,可参照 TJ36—79 中的居住区大气中有害物质的最高允许浓度的一次浓度限制。如有地方标准,应选用地方标准中的相应值。如果上述标准中都没有的污染物,可选用国外有关标准,但应作出说明,并报环保主管部门批准后执行。然后从计算的 P_i 中挑选一个最大值,作为划分评价等级的依据,按表 5-1 确定评价等级。

表 5-1　评价工作级别

评价等级	划分评价等级的依据
一级	$P_{max} \geqslant 80\%, D_{10\%} \geqslant 5$ km
二级	$10\% \leqslant P_{max} < 80\%$,污染源距厂界最近距离 $\leqslant D_{10\%} < 5$ km
三级	$P_{max} < 10\%$ 或 $D_{10\%} <$ 污染源距厂界最近距离

[例 5-1]　某拟建项目的 SO_2、NO_2、CO 最大地面 1 小时平均浓度分别为 0.15 mg/m³、0.10 mg/m³、8 mg/m³,三指标的二级标准 1 小时平均浓度分别为 0.5 mg/m³、0.2 mg/m³、10 mg/m³,$D_{10\%}$ 分别为 4 km、4.5 km、3.6 km,试确定该项目的评价等级,评价范围。

解: $P_{SO_2} = 0.15/0.5 \times 100\% = 30\%$

$P_{NO_2} = 0.1/0.2 \times 100\% = 50\%$

$P_{CO} = 8/10 \times 100\% = 80\%$

最大占标率为 P_{CO},该项目为一级评价项目。

注意:①同一项目有多个(≥2 个)污染源排放同一种污染物,先按各污染源分别确定评价等级,然后取评价级别最高者作为项目的评价等级;②对于高能耗行业的多源(≥2 个)项目,评价等级应不低于二级;③对于建成后全厂的主要污染物排放总量都有明显减少的改扩建项目,评价等级可低于一级;④如果评价范围内有空气质量一类功能区,如果主要评价因子已接近或超过空气质量标准、如果项目排放的污染物对人体健康或生态环境有严重危害的特殊项目,评价等级一般不低于二级;⑤以城市快速路、主干路为主的新建、扩建项目,应考虑交通线源对道路两侧环境的影响,评价等级应不低于二级;⑥公路、铁路项目,应按项目沿线主要集中排放源(如服务区、车站等)排放污染物计算器评价等级;⑦在确定评价等级的过程中,可以根据项目的性质、空气敏感区的分布情况、当地空气污染程度,对评价等级作适当调整,但是调整幅度上下不应超过一级,调整结果应征得环保主管部门同意;⑧确定出的一、二级评价,应选择进一步预测模式进行环境影响预测,三级评价项目可不进行大气环境预测,可直接以估算模式的计算结果作为预测与分析的依据。

4. 评价范围的确定

可以排放源为中心,$D_{10\%}$ 为半径的圆;也可以 $2 \times D$ 为边长的矩形作为大气环境影响评价范围。当最远距离超过 25 km 时,评价范围的半径不超过 25 km,边长不超过 50 km。评价范围的直径或边长一般不应小于 5 km。线状污染源的评价范围是以线源中心两侧各200 m。

5. 空气敏感区的确定

对评价区内的所有空气敏感区进行调查,在图中标注,用表列出保护对象的名称、大气环境功能区划级别、与项目的相对距离、方位、受保护对象的范围和数量。

5.2 大气污染源调查与分析

5.2.1 污染源调查与分析的对象

一、二级评价项目应调查分析项目的所有污染源,评价区内与项目排放污染物有关的其他在建项目、已批复环境影响评价文件的拟建项目的污染源。三级评价项目只调查分析项目的污染源。

5.2.2 污染源调查与分析的方法

新建项目可通过类比调查、物料衡算或设计资料确定;对评价范围内的在建和未建项目的污染源调查,可采用已批准的环境影响报告书中的资料;对于现有项目和改、扩建项目的现状污染源调查,可利用已有有效数据或进行实测;对于分期实施的工程项目,可利用前期工程最近5年内的验收监测资料、年度例行监测资料或进行实测。

5.2.3 污染源调查的内容

1. 一级评价项目污染源调查内容

(1)污染源排污状况的调查

① 在满负荷排放下,按分厂或车间逐一统计各有组织排放源和无组织排放源的主要污染物排放量;

② 对改、扩建项目应给出:现有工程排放量、扩建工程排放量以及现有工程经改造后的污染物预测消减量,并按上述三个量计算最终排放量;

③ 对于毒性加大的污染物还应估计其非正常排放量;

④ 对于周期性排放污染源,还应给出周期性排放系数。周期性排放系数取值0~1。

(2)点源调查内容

① 排气筒底部中心坐标,以及海拔高度(m);

② 排气筒几何高度、出口内径(m);

③ 烟气出口速度(m/s);

④ 排气筒出口处烟气温度(K);

⑤ 各主要污染物正常排放速率(g/s),排放工况,年排放小时数(h);

⑥ 毒性较大物质的非正常排放速率(g/s),排放工况,年排放小时数(h);

⑦ 制作调查清单。

(3)面源调查内容

① 面源起始点坐标,以及面源所在位置的海拔高度(m);

② 初始排放高度(m);

③ 各主要污染物正常排放速率[g/(s·m²)],排放工况,年排放小时数(h);

④ 矩形面源:初始点坐标,面源长、宽(m),与正北方向逆时针的夹角;

⑤ 多边形面源:顶点数、边数以及各顶点坐标;

⑥ 近圆形面源:中心点坐标、半径(m)、顶点数或边数;

⑦ 制作调查清单。

(4)体源调查内容

① 中心点坐标、所在位置的海拔高度(m)；

② 体源高(m)；

③ 排放速率[g/(s·m²)]，排放工况，年排放小时数(h)；

④ 边长(m)(把体源划分为若干个正方形)；

⑤ 初始横向扩散参数(m)，初始垂向扩散参数(m)，初始扩散参数的估算见表5-2和表5-3；

⑥ 制作调查清单。

表5-2　体源初始横向扩散参数的估算

体源类型	初始横向扩散参数
单个源	σ_{y_0}＝边长/4.3
连续划分的体源	σ_{y_0}＝边长/2.15
间隔划分的体源	σ_{y_0}＝两个相邻中心点的距离/2.15

表5-3　体源初始垂向扩散参数的估算

体源类型		初始垂向扩散参数
源基底处地形高度 $H_0 \approx 0$		σ_{z_0}＝源高/2.15
源基底处地形高度 $H_0 > 0$	在建筑物上，或邻近建筑物	σ_{z_0}＝建筑物高度/2.15
	不在建筑物上，或不邻近建筑物	σ_{z_0}＝源高/4.3

(5) 线源调查内容

① 几何尺寸，距地面高度，道路宽度，街谷高度(m)；

② 各种车型的污染物排放速率[g/(km·s)]；

③ 平均车速(km/h)，各时段车流量(辆/时)，车型比例；

④ 线源参数调查清单。

(6) 其他需要调查的内容

① 建筑物下洗参数；

② 颗粒物的粒径分布。

2. 二级评价项目污染源调查内容

参照一级评价项目执行，可适当从简。

3. 三级评价项目污染源调查内容

只调查污染源排污状况，调查内容见5.2.3节1.中的(1)，还要对估算模式中的污染源参数进行核实。

5.3　大气环境质量现状调查及评价

5.3.1　调查的目的和意义

通过对评价区环境状况的调查，可以了解和掌握评价区的自然环境和社会环境；评价区污染源的种类、数量、分布及排放状况；当地的环境质量状况。从而为下一步的环境预测提供必要的输入参数；为环境影响评价提供背景数据和有关信息。

5.3.2　调查的方法

大气环境质量现状调查主要通过三种途径来实现：①收集评价范围内及其邻近地区的近三年与项目相关的例行空气质量监测资料；②收集近三年与项目相关的历史监测资料；③进行现场监测。

对收集的监测资料进行分析：对照各污染物有关的环境质量标准，分析其长期质量浓度（年平均质量浓度、季平均质量浓度、月平均质量浓度）、短期质量浓度（日平均质量浓度、小时平均质量浓度）的达标情况。若监测结果出现超标，应分析其超标率、最大超标倍数以及超标原因。分析评价范围内的污染水平和变化趋势。

5.3.3　空气质量现状监测

1. 监测指标的选择

评价项目排放的常规污染物为首选监测指标；评价项目排放的特征污染物在国家或地方环境质量标准或 TJ 36—79 中有的也列为监测指标；对于没有相应环境质量标准的污染物，且属于毒性较大的，应按照实际情况，选取有代表性的污染物作为监测因子，同时应给出参考标准值和出处。

2. 监测制度

一级评价项目应进行 2 期（冬季、夏季）监测；二级评价项目可取 1 期不利季节进行监测，必要时应进行 2 期监测；三级评价项目必要时可进行 1 期监测。每期监测时间，至少应取得有季节代表性的 7 天有效数据，采样时间应符合监测资料的统计要求。对于评价范围内没有排放同种特征污染物的项目，可减少监测天数。

监测时间的安排和采用的监测手段，应能同时满足环境空气质量现状调查、污染源资料验证及预测模式的需要。监测时应使用空气自动监测设备，在不具备自动连续监测条件时，1 小时质量浓度监测值应遵循下列原则：一级评价项目每天监测时段，应至少获取当地时间 02，05，08，11，14，17，20，23 时 8 个小时质量浓度值，二级和三级评价项目每天监测时段，至少获取当地时间 02，08，14，20 时 4 个小时质量浓度值。日平均质量浓度监测值应符合 GB 3095 对数据的有效性规定。

3. 监测点的布置

（1）布点原则

一级评价项目，监测点应包括评价范围内有代表性的环境空气保护目标，点位不少于 10 个；二级评价项目，监测点应包括评价范围内有代表性的环境空气保护目标，点位不少于 6 个。对于地形复杂、污染程度空间分布差异较大，环境空气保护目标较多的区域，可酌情增加监测点数目。三级评价项目，若评价范围内已有例行监测点位，或评价范围内有近 3 年的监测资料，且其监测数据有效性符合本导则有关规定，并能满足项目评价要求的，可不再进行现状监测，否则，应设置 2～4 个监测点。

若评价范围内没有其他污染源排放同种特征污染物的，可适当减少监测点位。

对于公路、铁路等项目，应分别在各主要集中式排放源（如服务区、车站等大气污染源）评价范围内，选择有代表性的环境空气保护目标设置监测点位，监测点设置数目参考上述（1）中的一、二、三级评价项目要求执行。

城市道路项目,可不受上述监测点设置数目限制,根据道路布局和车流量状况,并结合环境空气保护目标的分布情况,选择有代表性的环境空气保护目标设置监测点位。

各级评价项目现状监测布点原则汇总见表 5-4。

表 5-4　空气质量现状监测的布点原则

	一级评价	二级评价	三级评价
监测点数	$\geqslant 10$	$\geqslant 6$	$2\sim 4$
布点方法	极坐标布点法	极坐标布点法	极坐标布点法
布点方位	在约 0°、45°、90°、135°、180°、225°、270°、315°等方向布点,并且在下风向加密,也可根据局地地形条件、风频分布特征以及环境功能区、环境空气保护目标所在方位做适当调整	至少在约 0°、90°、180°、270°等方向布点,并且在下风向加密,也可根据局地地形条件、风频分布特征以及环境功能区、环境空气保护目标所在方位做适当调整	至少在约 0°、180°等方向布点,并且在下风向加密,也可根据局地地形条件、风频分布特征以及环境功能区、环境空气保护目标所在方位做适当调整
布点要求	各个监测点要有代表性,环境监测值应能反映各环境敏感区域、功能区的环境质量,以及预计受项目影响的高浓度区的环境质量		

（2）一级评价项目的监测点布置

以监测期间所处季节的主导风向为轴向,取上风向为 0°,至少在约 0°、45°、90°、135°、180°、225°、270°、315°方向上各设置 1 个监测点,在主导风向下风向距离中心点（或主要排放源）不同距离,加密布设 1~3 个监测点。具体监测点位可根据局地地形条件、风频分布特征以及环境功能区、环境空气保护目标所在方位做适当调整。各个监测点要有代表性,环境监测值应能反映各环境空气敏感区、功能区的环境质量,以及预计受项目影响的高浓度区的环境质量。

各监测期环境空气敏感区的监测点位置应重合。预计受项目影响的高浓度区的监测点位,应根据各监测期所处季节主导风向进行调整。

（3）二级评价项目的监测点布置

以监测期间所处季节的主导风向为轴向,取上风向为 0°,至少在约 0°、90°、180°、270°方向上各设置 1 个监测点,主导风向下风向应加密布点。具体监测点位根据局地地形条件、风频分布特征以及环境功能区、环境空气保护目标所在方位做适当调整。各个监测点要有代表性,环境监测值应能反映各环境空气敏感区、功能区的环境质量,以及预计受项目影响的高浓度区的环境质量。

如需要进行 2 期监测,应与一级评价项目相同,根据各监测期所处季节主导风向调整监测点位。

（4）三级评价项目的监测点布置

以监测期所处季节的主导风向为轴向,取上风向为 0°,至少在约 0°、180°方向上各设置 1 个监测点,主导风向下风向应加密布点,也可根据局地地形条件、风频分布特征以及环境功能区、环境空气保护目标所在方位做适当调整。各个监测点要有代表性,环境监测值应能反映各环境空气敏感区、功能区的环境质量,以及预计受项目影响的高浓度区的环境质量。

如果评价范围内已有例行监测点可不再安排监测。

(5)城市道路评价项目的监测点布置

对于城市道路等线源项目,应在项目评价范围内,选取有代表性的环境空气保护目标设置监测点。监测点的布设还应结合敏感点的垂直空间分布进行设置。

4. 监测点周边环境条件的要求

空气质量监测点位置的周边环境应符合相关环境监测技术规范的规定。监测点周围空间应开阔,采样口水平线与周围建筑物的高度夹角小于 $30°$;监测点周围应有 $270°$ 采样捕集空间,空气流动不受任何影响;避开局地污染源的影响,原则上 20 m 范围内应没有局地排放源;避开树木和吸附力较强的建筑物,一般在 $15\sim20$ m 范围内没有绿色乔木、灌木等。

5. 监测采样

按相关环境监测技术规范执行。

6. 监测结果统计分析

以列表的方式给出各监测点大气污染物的不同取值时间的质量浓度变化范围,计算并列表给出各取值时间最大质量浓度值占相应标准质量浓度限值的百分比和超标率,并评价达标情况。

分析大气污染物质量浓度的日变化规律以及大气污染物质量浓度与地面风向、风速等气象因素及污染源排放的关系。

分析重污染时间分布情况及其影响因素。

5.4　气象观测资料的调查

5.4.1　气象观测资料调查的目的意义

大气环境污染除与污染源排放污染物的种类、数量、性质、浓度有关外,还与当时当地的气象条件有关,同一污染源在一种气象条件下对当地环境影响不大,但是在另一种气象条件下(如逆温)却对当地环境污染十分严重,有时大气中的污染物浓度会相差十几倍,甚至几十倍,而这种容易引起大气污染的气象条件就叫污染气象条件。不同的气象条件之所以会引起不同的污染效果,这主要是由于污染物进入大气后,在气象因素的作用下,污染物发生了一系列的物理(富集、迁移、稀释、扩散)、化学(转化)变化所引起的。因此,在进行拟建项目大气环境影响评价过程中,必须对项目所在地的气象状况进行了解(评价等级的不同,了解的深度和广度不同),从而为大气环境的预测和污染的防治提供准确而可靠的依据。

5.4.2　气象观测资料调查的要求

气象观测资料的调查要求与项目的评价等级有关,还与评价范围内地形复杂程度、水平流场是否均匀一致、污染物排放是否连续稳定有关。气象观测资料的调查主要是针对一、二级评价项目。

1. 一级评价项目气象观测资料调查要求

(1)评价范围小于 50 km

须调查地面气象观测资料,并按选取的模式要求和地形条件,补充调查必需的常规高空气象探测资料。

（2）评价范围大于 50 km

须调查地面气象观测资料和常规高空气象探测资料。

（3）地面气象观测资料

应调查距离项目最近的地面气象观测站，近 5 年内的至少连续 3 年的常规地面气象观测资料。如果地面气象观测站与项目的距离超过 50 km，并且地面站与评价范围的地理特征不一致，还需要按照下述 5.4.4 节的内容补充地面气象观测。

（4）常规高空气象探测资料

应调查距离项目最近的高空气象探测站，近 5 年内的至少连续 3 年的常规高空气象探测资料。如果高空气象探测站与项目的距离超过 50 km，高空气象资料可采用中尺度气象模式模拟的 50 km 内的格点气象资料。

2. 二级评价项目气象观测资料调查要求

对于二级评价项目，气象观测资料调查基本要求同一级评价项目。

（1）地面气象观测资料

调查距离项目最近的地面气象观测站，近 3 年内的至少连续 1 年的常规地面气象观测资料。如果地面气象观测站与项目的距离超过 50 km，并且地面站与评价范围的地理特征不一致，还需要按照下述 5.4.4 节的内容进行补充地面气象观测。

（2）常规高空气象探测资料

调查距离项目最近的常规高空气象探测站，近 3 年内的至少连续 1 年的常规高空气象探测资料。如果高空气象探测站与项目的距离超过 50 km，高空气象资料可采用中尺度气象模式模拟的 50 km 内的格点气象资料。

5.4.3 气象观测资料调查的内容

1. 地面气象观测资料调查的内容

遵循先基准站，再基本站，后一般站的原则，收集每日实际逐次观测资料。具体内容见表 5-5。

表 5-5 地面气象观测资料

名　　称	单　　位
年	
月	
日	
时	
风向	0(方位)
风速	m/s
总云量	十分量
低云量	十分量
干球温度	℃

续表

名　称	单　位
湿球温度	℃
露点温度	℃
相对湿度	%
降水量	mm/h
降水类型	
海平面气压	hPa(百帕)
观测站地面气压	hPa(百帕)
云底高度	km
水平能见度	km

2. 常规高空气象探测资料调查的内容

至少每日调查 1 次(北京时间 08 点)距地面 1 500 m 高度以下的高空气象探测资料。具体的调查内容见表 5-6。

表 5-6　常规高空气象探测资料

名　称	单　位
年	
月	
日	
时	
探空数据层数	
风速	m/s
风向	0(方位)
干球温度	℃
露点温度	℃
气压	hPa(百帕)
高度	km

5.4.4　补充地面气象观测的要求

当上述气象资料不能满足要求时,就要在评价区设立专门的气象观测站,但是所设站点应符合相关地面气象观测规范的要求。

1. 观测期限

一级评价的补充观测应进行为期 1 年的连续观测;二级评价的补充观测可选择有代表性的季节进行连续观测,观测期限应在 2 个月以上。

2. 观测内容

应符合上述地面气象观测资料的要求。

5.5　大气环境影响预测及评价

5.5.1　大气环境预测的目的和任务

预测的主要目的是为了评价提供可靠和定量的基础数据,具体的有以下几点。

1. 了解建设项目建成后对大气环境质量的影响程度和范围。

2. 比较各种建设方案对大气环境质量的影响。

3. 给出各类或各个污染源对任一点污染物浓度的贡献(污染分担率)。

4. 优化城市或区域的污染源布局以及对其实行总量控制。

大气环境预测的任务是利用数学模式和必要的模拟试验,计算或估计评价项目的污染因子在评价区域内对大气环境质量的影响。

5.5.2　预测的步骤及内容

(1) 确定预测因子

选取有环境空气质量标准的评价因子作为预测因子。

(2) 确定预测范围

预测范围应覆盖评价范围,同时还应考虑污染源的排放高度、评价范围的主导风向、地形和周围环境空气敏感区的位置等,并进行适当调整。

一般取东西向为 X 坐标轴、南北向为 Y 坐标轴,项目位于预测范围的中心区域。

(3) 确定计算点

计算点可分三类:环境空气敏感点、预测网格点以及最大地面浓度点。

① 敏感点:应选择所有的环境空气敏感区中的环境空气保护目标作为计算点。

② 网格点:预测网格点的设置应具有足够的分辨率以尽可能精确地预测污染源对评价范围的最大影响,预测网格可以根据具体情况采用直角坐标网格或极坐标网格,并应覆盖整个评价范围。预测网格点设置方法见表 5-7。

表 5-7　预测网格点的设置方法

预测网格法		直角坐标网格	极坐标网格
布点原则		网格等间距或近密远疏法	径向等间距或距源中心近密远疏法
预测网格点网格距	距源中心≤1 000 m	50~100 m	50~100 m
	距源中心＞1 000 m	100~500 m	100~500 m

③ 最大地面浓度点:应依据计算出的网格点质量浓度分布而定,在高浓度分布区,计算点间距应不大于 50 m。对于邻近污染源的高层住宅楼,应适当考虑不同代表高度的预测受体。

(4) 确定污染源计算清单

不同形态的污染源应选择相应的计算清单。

表 5-8　点源计算清单

	单位	数据
点源编号		
点源名称		
X 坐标	m	
Y 坐标	m	
排气筒底部海拔高度	m	
排气筒高度	m	
排气筒内径	m	
烟气出口速度	m/s	
烟气出口温度	K	
年排放小时数	h	
排放工况		
评价因子源强		g/s	

表 5-9　矩形面源参数调查清单

		单位	数据
面源编号			
面源名称			
面源起始点	X 坐标	m	
	Y 坐标	m	
海拔高度		m	
面源长度		m	
面源宽度		m	
与正北夹角		(°)	
面源初始排放高度		m	
年排放小时数		h	
排放工况			
评价因子源强			g/s	

表 5 – 10　多边形面源参数调查清单

		单位	数据
面源编号			
面源名称			
顶点 1 坐标	X 坐标	m	
	Y 坐标	m	
顶点 2 坐标	X 坐标	m	
	Y 坐标	m	
其他顶点坐标		m	
海拔高度		m	
面源初始排放高度		m	
年排放小时数		h	
排放工况			
评价因子源强		g/s	

表 5 – 11　近圆形面源调查清单

		单位	数据
面源编号			
面源名称			
中心坐标	X 坐标	m	
	Y 坐标	m	
海拔高度		m	
近圆形半径		m	
顶点数或边数			
面源初始排放高度		m	
年排放小时数		h	
排放工况			
评价因子源强		g/s	

表 5 - 12　体源参数调查清单

		单位	数据
体源编号			
体源名称			
体源中心坐标	X 坐标	m	
	Y 坐标	m	
海拔高度		m	
体源边长		m	
体源高度		m	
年排放小时数		h	
排放工况			
初始扩散参数	横向	m	
	垂直	m	
评价因子源强		g/s	

表 5 - 13　线源参数调查清单

		单位	数据
线源编号			
线源名称			
分段坐标 1	X 坐标	m	
	Y 坐标	m	
分段坐标 2	X 坐标	m	
	Y 坐标	m	
分段坐标 n			
道路高度		m	
道路宽度		m	
街道窄谷高度		m	
平均车速		km/h	
车流量		辆/时	
车型/比例			
各车型污染物排放速率		g/(km·s)	

表 5 – 14 颗粒物粒径分布调查清单

	粒径分级	分级粒径	颗粒物质量密度	所占质量比
单位		μm	g/cm³	%
数据				

（5）确定气象条件

① 计算小时平均质量浓度，需采用长期气象条件，进行逐时或逐次计算。选择污染最严重的（针对所有计算点）小时气象条件和对各环境空气保护目标影响最大的若干个小时气象条件（可视对各环境空气敏感区的影响程度而定）作为典型小时气象条件。

② 计算日平均质量浓度，需采用长期气象条件，进行逐日平均计算。选择污染最严重的（针对所有计算点）日气象条件和对各环境空气保护目标影响最大的若干个日气象条件（可视对各环境空气敏感区的影响程度而定）作为典型日气象条件。

（6）确定地形数据

在非平坦的评价范围内，地形的起伏对污染物的传输、扩散会有一定的影响。对于复杂地形下的污染物扩散模拟需要输入地形数据。地形数据除包括预测范围内各网点高度外，还应包括各污染源、预测关心点、监测点地面高程。地形数据的来源应予以说明，地形数据的精度应结合评价范围及预测网格点的设置进行合理选择。不同的评价范围所对应的地形数据精度，可参照表 5 – 15 收集。

表 5 – 15 不同评价范围应具有的地形数据精度

评价范围	5～10 km	10～30 km	30～50 km	>50 km
地形数据网格距	≤100 m	≤250 m	≤500 m	500～1 000 m

（7）确定预测内容、设定预测情景

大气环境影响预测内容依据评价工作等级和项目的特点而定。

① 一级评价项目预测内容

（a）全年逐时或逐次小时气象条件下，环境空气保护目标、网格点处的地面质量浓度和评价范围内的最大地面小时质量浓度；

（b）全年逐日气象条件下，环境空气保护目标、网格点处的地面质量浓度和评价范围内的最大地面日平均质量浓度；

（c）长期气象条件下，环境空气保护目标、网格点处的地面质量浓度和评价范围内的最大地面年平均质量浓度；

（d）非正常排放情况，全年逐时或逐次小时气象条件下，环境空气保护目标的最大地面小时质量浓度和评价范围内的最大地面小时质量浓度；

（e）对于施工期超过一年，并且施工期排放的污染物影响较大的项目，还应预测施工期间的大气环境质量。

② 二级评价项目预测内容

仅预测①中的（a）（b）（c）（d）项内容。

③ 三级评价项目不进行上述预测

④ 预测情景的设定

预测情景根据预测内容设定,一般应考虑五个方面的内容:污染源类别、排放方案、预测因子、气象条件、计算点。常规预测情景组合见表5-16。

表5-16　常规预测情景组合

序号	污染源类别	排放方案	预测因子	计算点	常规预测内容
1	新增污染源(正常排放)	现有方案/推荐方案	所有预测因子	环境空气保护目标 网格点 区域最大地面浓度点	小时平均浓度 日平均浓度 年平均浓度
2	新增污染源(非正常排放)	现有方案/推荐方案	主要预测因子	环境空气保护目标区域最大地面浓度点	小时平均浓度
3	削减污染源(若有)	现有方案/推荐方案	主要预测因子	环境空气保护目标	日平均浓度 年平均浓度
4	被取代污染源(若有)	现有方案/推荐方案	主要预测因子	环境空气保护目标	日平均浓度 年平均浓度
5	其他在建、拟建项目相关污染源(若有)		主要预测因子	环境空气保护目标	日平均浓度 年平均浓度

(8) 选择预测模式

采用《环境影响评价技术导则——大气环境》(HJ2.2—2008)推荐模式清单中的进一步预测模式进行预测,并说明选择模式的理由。选择模式时,应结合模式的适用范围和对参数的要求进行合理选择。进一步预测模式包括 AERMOD 模式、ADMS 模式、CALPUFF 模式,不同的模式有其不同的数据要求及适用范围,见表5-17。

表5-17　进一步预测模式的适用条件

分类	AERMOD	ADMS	CALPUFF
适用评价等级	一、二级	一、二级	一、二级
污染源类型	点、面、体	点、面、体、线	点、面、体、线
适用评价范围	≤50 km	≤50 km	>50 km
气象数据要求	地面气象数据 高空气象数据	地面气象数据	地面气象数据 高空气象数据
地形及风场条件	简单、复杂地形	简单、复杂地形	简单、复杂地形、复杂风场
污染物	气态、颗粒物	气态、颗粒物	气态、颗粒物、恶臭、能见度
模式类型	街谷模式		长时间静风、岸边熏烟

(9) 确定预测模式的相关参数

在计算小时平均质量浓度时,可不考虑 SO_2 的转化;在计算日平均或更长时间平均质量浓度时,应考虑化学转化。SO_2 转化可取半衰期为 4 h。

对于一般的燃烧设备,在计算小时或日平均质量浓度时,可以假定 $Q(NO_2)/Q(NO_x)=0.9$;在计算年平均质量浓度时,可以假定 $Q(NO_2)/Q(NO_x)=0.75$。

在计算机动车排放 NO_2 和 NO_x 比例时,应根据不同车型的实际情况而定。

在计算颗粒物浓度时,应考虑重力沉降的影响。

（10）进行大气环境影响预测和评价

① 对环境空气敏感区的环境影响分析,应考虑其预测值和同点位处的现状背景值的最大值的叠加影响;对最大地面质量浓度点的环境影响分析可考虑预测值和所有现状背景值的平均值的叠加影响。

② 分析项目建成后最终的区域环境质量状况,即:新增污染源预测值＋现状监测值-削减污染源计算值(如果有)-被取代污染源计算值(如果有)＝项目建成后最终的环境影响。若评价范围内还有其他在建项目、已批复环境影响评价文件的拟建项目,也应考虑其建成后对评价范围的共同影响。

③ 分析典型小时气象条件下,项目对环境空气敏感区和评价范围的最大环境影响,分析是否超标、超标程度、超标位置,分析小时质量浓度超标概率和最大持续发生时间,并绘制评价范围内出现区域小时平均质量浓度最大值时所对应的质量浓度等值线分布图。

④ 分析典型日气象条件下,项目对环境空气敏感区和评价范围的最大环境影响,分析是否超标、超标程度、超标位置,分析日平均质量浓度超标概率和最大持续发生时间,并绘制评价范围内出现区域日平均质量浓度最大值时所对应的质量浓度等值线分布图。

⑤ 分析长期气象条件下,项目对环境空气敏感区和评价范围的环境影响,分析是否超标、超标程度、超标范围及位置,并绘制预测范围内的质量浓度等值线分布图。

⑥ 分析评价不同排放方案对环境的影响,即从项目的选址、污染源的排放强度与排放方式、污染控制措施等方面评价排放方案的优劣,并针对存在的问题(如果有)提出解决方案。

对解决方案进行进一步预测和评价,并给出最终的推荐方案。

5.6　大气环境影响预测推荐模式简介

《环境影响评价技术导则——大气环境》(HJ2.2—2008)给出了大气环境影响预测推荐模式清单。清单包括三类模式:估算模式、进一步预测模式和大气环境防护距离计算模式。

5.6.1　估算模式

估算模式是一种单源预测模式,可计算点源、面源和体源等污染源的最大地面浓度,以及建筑物下洗和熏烟等特殊条件下的最大地面浓度,估算模式中嵌入了多种预设的气象组合条件,包括一些最不利的气象条件,此类气象条件在某个地区可能发生,也可能不发生。经估算模式计算出的最大地面浓度大于进一步预测模式的计算结果。对于小于 1 小时的短期非正常排放,可采用估算模式进行预测。

该模式适用于评价等级及评价范围的确定。

模式需要输入的参数如下:

1. 点源需要输入的参数

污染物排放量 g/s,排气筒几何高度 m,排气筒出口内径 m,排气筒出口排烟速度 m/s,排气筒出口排烟温度 K。

2. 面源需要输入的参数

污染物排放量 g/(m² · s),排放高度 m,面源的长度 m 和宽度 m。

3. 体源需要输入的参数

污染物排放量 g/s,排放高度 m,初始横向扩散参数 m,初始垂向扩散参数 m。

4. 复杂地形需要输入的地形参数

主导风下风向的计算点与源基底的相对高度 m,主导风下风向计算点距源中心的距离 m。

5. 存在建筑物下洗需要输入建筑物参数

建筑物高度 m、长度 m、宽度 m。

6. 存在岸边熏烟的要输入排放源距岸边的最近距离 m。

7. 其他参数

计算点离地高度 m,风速计测风高度 m。

5.6.2　进一步预测模式

1. AERMOD 模式

AERMOD 模式是一个稳态烟羽扩散模式,可基于大气边界层数据特征模拟点源、面源、体源等排放出的污染物在短期(小时平均、日平均)、长期(年平均)的浓度分布,适用于农村或城市地区、简单或复杂地形。AERMOD 考虑了建筑物尾流的影响,即烟羽下洗。模式使用每小时连续预处理气象数据模拟大于等于 1 小时平均时间的浓度分布。AERMOD 包括两个预处理模式,即 AERMET 气象预处理和 AERMAP 地形预处理模式。

AERMOD 适用于评价范围小于等于 50 km 的一级、二级评价项目。

2. ADMS 模式

ADMS 模式可模拟点源、面源、线源和体源等排放出的污染物在短期(小时平均、日平均)、长期(年平均)的浓度分布,还包括一个街道窄谷模型,适用于农村或城市地区、简单或复杂地形。模式考虑了建筑物下洗、湿沉降、重力沉降和干沉降以及化学反应等功能。化学反应模块包括计算一氧化氮、二氧化氮和臭氧等之间的反应。ADMS 有气象预处理程序,可以用地面的常规观测资料、地表状况以及太阳辐射等参数模拟基本气象参数的廓线值。在简单地形条件下,使用该模型模拟计算时,可以不调查探空观测资料。

ADMS-EIA 版适用于评价范围小于等于 50 km 的一级、二级评价项目。

3. CALPUFF 模式

CALPUFF 模式是一个烟团扩散模型系统,可模拟三维流场随时间和空间发生变化时污染物的输送、转化和清除过程。CALPUFF 适用于从 50 km 到几百千米的模拟范围,包括次层网格尺度的地形处理,如复杂地形的影响;还包括长距离模拟的计算功能,如污染物的干、湿沉降、化学转化,以及颗粒物浓度对能见度的影响。

CALPUFF 适用于评价范围大于 50 km 的区域和规划环境影响评价等项目以及一级评价项目,复杂风场下的一、二级评价项目。

5.6.3　大气环境防护距离计算模式

大气环境防护距离计算模式是基于上述估算模式开发的计算模式,此模式主要用于确定无组织排放源的大气环境防护距离。大气环境防护距离一般不超过 2 000 m。如果计算的结果超出了该数值,要削减源强后重新计算。

大气环境防护距离计算模式输入的参数包括:面源有效高度(m)、宽度(m)、长度(m)、污染物排放速度(m/s)、小时评价标准(mg/m³)。

5.7　大气环境影响预测案例分析

5.7.1　案例背景

某地拟新建一项目,拟建厂址位于平原地区,周围地形条件属简单地形。项目主要大气污染源为锅炉烟囱,主要排放污染物为常规污染物 SO_2、NO_2(排放的 NO_x 全部按 NO_2 计),特征污染物为 HCl,各污染物排放清单见表 5 – 18(注:本案例暂不考虑工艺和运输过程中的无组织排放及非正常排放)。

表 5 – 18　大气污染物排放参数

排放源	坐标	主要污染物	小时浓度限值/(mg/m³)	排放量/(kg/h)	烟气出口流速/(m/s)	烟囱参数		
						H/m	ϕ/m	烟出口温度/℃
锅炉烟囱	(0,0)	SO_2	0.5	56	24	70	2.0	120
		NO_2	0.24	50				
		HCl	0.05	6.5				

项目周边主要敏感点分布及说明见表 5 – 19,各敏感点与污染源的相对位置见图 5 – 2。

表 5 – 19　评价范围主要敏感点

序号	敏感点	坐标	距污染源距离/m	保护目标;功能区
1	某村庄甲	−50,−1 175	1 176	约 80 户,350 人;二类
2	某实验小学	−1 195,−1 960	2 296	职工 学生约 600 人;二类
3	某居住小区乙	−1 230,−950	1 554	约 2 000 人;二类
4	某居住小区丙	−1 680,−1 125	2 022	约 650 人;二类
5	某居住小区丁	695,1 290	1 465	约 800 人;二类

5.7.2　评价等级与评价范围

采用 HJ2.2—2008 推荐模式清单中的估算模式分别计算污染源的各种污染物的下风向轴线浓度,并计算相应浓度占标率,结果见表 5 – 20。根据表中的计算结果可知,3 种污染物的最大地面浓度占标率 $P_{max} = Max(P_{SO_2}, P_{NO_2}, P_{HCl}) = 18.31\%$,大于 10%,但小于 80%;地面浓度达标准限值 10% 时所对应的最远距离 $D_{10\%} = 2.3$ km,超过项目厂界。根据评价等级判断标准,确定该项目的评价等级为二级。

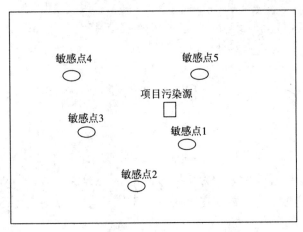

图 5-2　评价区污染源极敏感点分布

表 5-20　采用估算模式计算结果

距源中心下风向距离，D/m	SO$_2$		NO$_2$		HCl	
	下风向预测浓度，$C_{i1}/(mg/m^3)$	浓度占标率，$P_{i1}/\%$	下风向预测浓度，$C_{i1}/(mg/m^3)$	浓度占标率，$P_{i2}/\%$	下风向预测浓度，$C_{i3}/(mg/m^3)$	浓度占标率，$P_{i3}/\%$
100	0	0	0	0	0	0
200	0	0	0	0	0	0
300	0.000 3	0.05	0.000 2	0.1	0	0.06
400	0.006 2	1.23	0.005 5	2.29	0.000 7	1.43
500	0.020 7	4.15	0.018 5	7.72	0.002 4	4.81
600	0.029 4	5.88	0.026 3	10.94	0.003 4	6.83
700	0.029 6	5.92	0.026 4	11.02	0.003 4	6.87
800	0.043 3	8.65	0.038 6	16.09	0.005	10.04
900	0.048 9	9.78	0.043 7	18.19	0.005 7	11.35
1 000	0.048 5	9.7	0.043 3	18.05	0.005 6	11.26
1 100	0.046	9.19	0.041	17.1	0.005 3	10.67
1 200	0.043 2	8.65	0.038 6	16.09	0.005	10.04
1 300	0.040 8	8.15	0.036 4	15.17	0.004 7	9.46
1 400	0.038 6	7.71	0.034 4	14.35	0.004 5	8.95
1 500	0.036 6	7.32	0.032 7	13.61	0.004 2	8.49
1 600	0.034 8	6.96	0.031 1	12.95	0.004	8.08

续表

距源中心下风向距离，D/m	SO$_2$		NO$_2$		HCl	
	下风向预测浓度，C_{i1}/(mg/m³)	浓度占标率，P_{i1}/%	下风向预测浓度，C_{i1}/(mg/m³)	浓度占标率，P_{i2}/%	下风向预测浓度，C_{i3}/(mg/m³)	浓度占标率，P_{i3}/%
1 700	0.033 2	6.64	0.029 6	12.35	0.003 9	7.7
1 800	0.031 7	6.35	0.028 3	11.8	0.003 7	7.37
1 900	0.030 4	6.08	0.027 1	11.31	0.003 5	7.05
2 000	0.029 2	5.83	0.026	10.85	0.003 4	6.77
2 100	0.028	5.61	0.025	10.43	0.003 3	6.51
2 200	0.027	5.4	0.024 1	10.04	0.003 1	6.27
2 300	0.026	5.21	0.023 3	9.69	0.003	6.05
2 400	0.025 3	5.06	0.022 6	9.41	0.002 9	5.87
2 500	0.025 7	5.13	0.022 6	9.55	0.003	5.96
2 600	0.025 9	5.17	0.023 1	9.62	0.003	6
2 700	0.025 9	5.19	0.023 2	9.65	0.003	6.02
2 800	0.025 9	5.18	0.023 1	9.63	0.330	6.01
2 900	0.025 7	5.15	0.023	9.58	0.003	5.98
3 000	0.025 5	5.1	0.022 8	9.49	0.003	5.92
3 500	0.023 7	4.73	0.021 1	8.81	0.002 7	4.49
4 000	0.021 5	4.3	0.019 2	8.01	0.002 5	5
4 500	0.019 6	3.91	0.017 5	7.28	0.002 3	4.54
5 000	0.019 1	3.81	0.017	7.09	0.002 2	4.43
下风向最大浓度	0.492	9.85	0.044 0	18.31	0.005 7	11.43
浓度占标准限值10%时距源最远距离，$D_{10\%}$/m	——		2 300		1 300	

评价范围取 NO$_2$ 浓度占标准限值 10% 距源最远距离 $D_{10\%}$，即以污染源为中心，计算出评价范围半径为 2.3 km 或边长为 2×2.3 km。根据 HJ2.2—2008 导则的补充规定，评价范围直径或

边长一般不应小于 5 km,则该项目最终评价范围确定为以项目为中心,边长为 5 km 正方形。

5.7.3 气象参数收集与统计

根据 HJ—200 规定及模式需要,气象参数包括地面气象参数及高空气象参数两类。

1. 地面气象参数

项目地面气象参数采用当地 2007 年全年逐日每日 8 次地面观测数据,经程序插值成全年逐时(一日 24 次)气象数据。地面气象数据项目包括:风向\风速\总云量\低云量\干球温度\相对湿度\露点温度和站点处大气压 8 项,其中前 5 项属于 AERMOD 预测模式必需参数。经对 2007 年地面气象观测数据的统计分析,评价区域内 2007 年风频最大风向分别是 E 风向(风频 13.49%)\ESE 风向(风频 12.77%)和 SE 风向(风频 7.15%),连续三个风向角的风频之和大于 30%,因此该地区在 2007 年内主导风向为东风偏南范围,2007 年平均温度的月变化和年平均风速的月变化见表 5-21 和表 5-22,相应月平均温度变化图及月平均变化见图 5-3 和图 5-4。

表 5-21　年平均温度(℃)的月变化(2007 年)

月份	1 月	2 月	3 月	4 月	5 月	6 月	7 月	8 月	9 月	10 月	11 月	12 月
温度	6.1	11.9	13.8	16.6	24.3	26.4	32.9	29.8	24.9	20.5	13.5	9.8

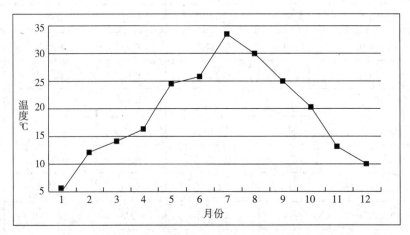

图 5-3　年平均温度(℃)的月变化(2007 年)

表 5-22　年平均风速(m/s)的月变化(2007 年)

月份	1 月	2 月	3 月	4 月	5 月	6 月	7 月	8 月	9 月	10 月	11 月	12 月
风速	1.03	1.49	1.61	1.61	1.87	1.66	2.2	2.12	1.39	1.48	1.16	1.19

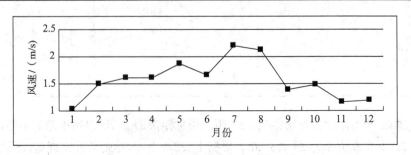

图 5-4　月平均风速变化图(2007 年)

2. 高空气象参数

因项目周围 50 km 范围内无高空气象探测站点,高空气象数据采用环境工程评估中心环境质量模拟重点实验室的中尺度气象模拟数据。模拟高空气象数据模拟网格点编号为(130,53),网格点距离项目所在直线距离为 12 km。

该高空气象数据是采用中尺度数值模式 MM5 模拟生成,把全国共划分为 149×149 个网格,每个网格的分辨率为 27 km×27 km。该模式采用的原始数据由地形高度、土地利用、陆地-水体标志、植被组成等数据,数据源主要为美国的 USGS 数据,原始气象数据采用美国国家环境预报中心的 NCEP/NCAR 的再分析数据。全年共输出高空气象模拟数据文件 12 个,每个文件包括各月逐月一日两次高空气象模拟数据。数据文件名共 12 位,前 4 位代表年,第 5～6 位代表月份,第 7～12 位代表该网格点编号。网格文件中所包括的高空气象数据内容见表5-23。

表 5-23　高空气象数据

名　称	单　位
年月日时	—
探空数据层数	—
气压	hPa
高度	m
干球温度	℃
露点温度	℃
风速	m/s
风向	—

5.7.4　预测方案

根据预测评价要求,大气预测部分主要考虑本项目建成后排放的常规污染物和特征污染物对评价趋势和环境空气敏感点的最大影响,预测因子为 SO_2、NO_2 和 HCl。预测计算包括评价范围内的 5 个环境保护目标和整个评价区域,区域预测网格间距 50 m,预测内容包括计算区域及各环境空气敏感点的小时平均浓度、日平均浓度和年平均浓度。

5.7.5　预测模式及有关参数

本案例采用 HJ2.2—2008 推荐模式清单中的 AERMOD 进行预测计算,AERMOD 所需近地面参数(正午地面反照率、白天波纹率计地面粗糙度)按一年四季不同,根据项目评价区域特点参考模型推荐参数及实测数据进行设置,本案例设置近地面参数见表5-24,地形按平坦地形考虑。

表 5 - 24　AERMOD 选用近地面参数

季节	地表反照率	白天波纹率	地面粗糙度
冬季	0.35	1.5	0.38
春季	0.14	1.0	0.38
夏季	0.16	2.0	0.38
秋季	0.18	2.0	0.38

5.7.6　预测结果与分析

采用 AERMOD 推荐模式分别计算 SO_2、NO_2 和 HCl 对评价范围内各环境空气敏感点及区域最大浓度影响值,并叠加现状检测背景浓度值进行分析。

1. 项目贡献浓度预测结果分析

其中表 5 - 25 列出各环境空气敏感点及区域最大浓度点的 NO_2 预测浓度值机占标率,并给出了所对应的最大浓度出现的时刻和日期。

表 5 - 25　NO_2 预测浓度　　　　　　　　浓度单位:mg/m³

预测点	小时最大浓度				日均最大浓度				年均浓度		
	预测浓度	占标率	出现位置	出现时刻	预测浓度	占标率	出现位置	出现时刻	预测浓度	占标率	出现位置
某村庄甲	0.0156	6.50%	—	07022009	0.0021	1.71%	—	070220	0.000 5	0.58%	—
某小学	0.019 1	7.96%		07012709	0.001 7	1.39%		070127	0.000 2	0.30%	
某小区乙	0.020 6	8.58%		07121910	0.001 6	1.29%		071219	0.000 4	0.47%	
某小区甲	0.018 6	7.75%		07011411	0.002 0	1.63%		070429	0.000 3	0.35%	
某小区丁	0.010 6	4.42%		07021910	0.001 5	1.26%		070523	0.000 2	0.29%	
区域最大浓度点	0.032 0	13.33%	−1 300,0	07011410	0.007 2	5.99%	−350,−100	070530	0.001 4	1.70%	−450,0
浓度标准	0.24				0.12				0.08		

2. 项目贡献浓度叠加背景浓度指分析

各敏感点及区域最大浓度点叠加背景浓度结果见表 5 - 26。其中,各环境空气敏感点背景浓度取同点位处的现状背景值的最大值进行叠加分析,区域最大浓度点的背景浓度取所有现状背景值的平均值。

表 5 - 26　NO_2 预测结果叠加背景浓度结果

预测点	小时最大浓度					日均最大浓度				
	预测浓度	背景浓度	叠加浓度	占标率	达标情况	预测浓度	背景浓度	叠加浓度	占标率	达标情况
某村庄甲	0.015 6	0.071 0	0.086 6	36.1%	达标	0.002 1	0.056 0	0.058 1	48.4%	达标
某小学	0.019 1	0.068 0	0.087 1	36.3%	达标	0.001 7	0.033 0	0.034 7	28.9%	达标
某小区乙	0.020 6	0.107 0	0.127 6	53.2%	达标	0.001 6	0.051 0	0.052 6	43.8%	达标

续表

	小时最大浓度					日均最大浓度				
某小区甲	0.018 6	0.140 0	0.158 6	66.1%	达标	0.002 0	0.077 0	0.079 0	65.8%	达标
某小区丁	0.010 6	0.088 0	0.098 6	41.1%	达标	0.001 5	0.088 0	0.089 5	74.6%	达标
区域最大浓度点	0.032 0	0.064 0	0.096 0	40.0%	达标	0.007 2	0.044 2	0.051 4	42.8%	达标
浓度标准	0.24					0.12				

5.7.7　小结

本案例仅列出常规项目在进行大气环境影响预测工作中的基本步骤和分析内容,对于实际环境评价项目,还应根据项目的特点和复杂程度,考虑地形、地表植被特征以及污染物的化学变化等参数对浓度预测的影响,并结合环境质量现状检测结果,对区域及各环境空气敏感点进行背景浓度综合分析,从项目选址、污染源排放度预排放方案、大气污染控制措施及总量控制等方面综合评价,并最终给出大气环境影响可行性的结论。

第6章 地表水环境影响预测及评价

6.1 概 述

地表水是指位于陆地表面的天然或人工水体。包括河流(运河)、渠道、湖泊、水库、水塘等。它不仅为我们人类提供大量食物、生产生活用水、交通运输等,而且还起着输送和容纳人类生产生活过程中所产生的废污水的作用,废污水中的污染物在水体的自净作用下发生迁移和转化,形成一些对人类和其他生物无害的物质。

自工业革命以来,人类活动排入地表水的废污水量越来越多,其中所含污染物的种类、数量和复杂程度远远超出了水体的自净能力,这就使地表水发生了越来越严重的污染。特别是流经城市的河流均已遭到不同程度的污染,部分河流已完全丧失了原有的功能和作用。从而使人类的生产和生活受到威胁。

需要特别指出的是:在20世纪80年代和90年代颁布的水环境质量标准(GB3838—88)和环境影响评价导则(HJ/T2.3—93)中所指都是地面水环境,到21世纪颁布的水环境质量标准(GB3838—2002)中所指的水环境并没有发生改变,但是字眼却变成了"地表水环境",尽管目前还没有出台新的水环境影响评价导则,为了与标准保持一致,本章所指的水环境,统一称之为"地表水环境"。

地表水环境影响评价就是针对人类活动对地表水环境的影响程度、范围,做出定量或定性描述,然后提出防治措施,以达到保护地表水环境的目的。

6.2 地表水环境影响评价的工作程序和任务

地表水环境影响评价的工作程序(图6-1)与其他环境要素的环境影响评价工作程序类似,同样可以划分为三个阶段。

6.2.1 准备阶段(第一阶段)

环评单位通过拟建单位提供的有关项目的文件、环保部门确定的项目影响类型、项目所在地的有关环境方面的资料以及相关法律法规文件,进行项目的初步工程分析,确定项目可能造成的影响;根据上述了解的情况(工程、环境、法规),对拟建项目的影响评价等级进行划分,编写出地表水环境影响评价工作方案,并送交环境保护主管部分进行审批。最后,根据审批后的评价工作方案进行人员、设备、材料、仪器的准备。

6.2.2 正式工作阶段(第二阶段)

通过充分的准备,就可以转入环境影响评价的正式工作阶段。本阶段是环境影响评价工作的核心阶段,它决定着环境影响评价工作的成败。其主要开展的工作包括以下几个方面:

1. 对拟建项目所在地的水环境进行调查

包括水文调查与测量、污染源调查与评价、地表水环境质量调查与评价。

2. 拟建项目详细工程分析

对拟建项目进行详细的剖析,确定出工程的排污部位、排污类型、排污成分、排污数量,为工程的影响预测提供数据。

3. 拟建项目环境影响预测及评价

利用现状调查和工程分析的结果,确定水质参数和计算条件,选择合适的水质模型,预测拟建项目对地表水环境的影响。根据预测的结果,选择适当的污染物排放标准和环境质量标准,对拟建项目的环境影响进行综合分析和评价。

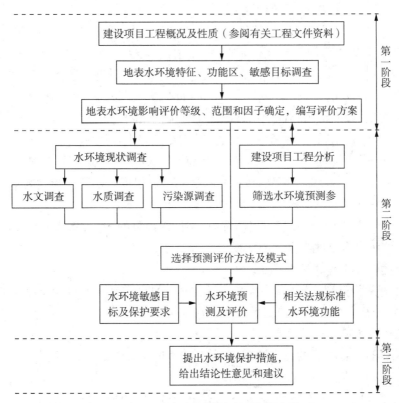

图 6-1　地表水环境影响评价程序图

6.2.3　地表水环境影响评价工作的总结阶段(第三阶段)

针对上述预测和评价的结果,比较优化建设方案,评定与估计建设项目对地表水影响的程度和范围,预测受影响水体的环境质量和达标率,为实现环境质量保护目标,提出环境保护的建议和措施,最后编写出环境影响评价报告书。

6.3　地表水环境影响评价等级的确定

依据《环境影响评价技术导则》规定,将地表水环境评价工作分为三级,不同的评价级别、环境现状调查、影响预测等评价工作内容与技术质量要求有所不同。一级评价详细,二级次之,三级较简略,低于三级的项目不必进行影响评价,只进行简单的水环境影响分析。

6.3.1　划分评价等级的依据

在进行评价等级划分时,主要依据拟建工程的污水排放量、污水水质的复杂程度、受纳水体的规模和水质要求。

1. 建设项目污水排放量

是指间接冷却水、循环水和其他含污染物极少的清净下水之外的一切外排水量。参考《污水综合排放标准》GB8978—96,将我国污水排放量分为 5 个档次;①＞20 000 m³/d;②10 000～20 000 m³/d;③5 000～10 000 m³/d;④1 000～5 000 m³/d;⑤200～1 000 m³/d;

2. 建设项目污水水质的复杂程度

按污水中拟预测的污染物类型,以及某类污染物中水质参数的多少划分为复杂、中等和简单三类。其中,污染物类型是根据污染物在水环境中输移、衰减的特点划分为三类:①持久性污染物,是指在地表水中不能或很难在物理、化学、生物作用下而分解、沉淀或挥发的,能够在水中长期存在,浓度不易发生变化的那些污染物。例如在悬浮物极少、沉降作用不明显的水体中的无机盐和重金属,以及在水环境中难降解的毒性大的,易长期积累的有毒物质,也叫保留性污染物;②非持久性污染物(非保留性污染物)是指在地表水环境中在物理、化学、生物等作用下容易发生降解的那些污染物,如耗氧污染物 BOD、COD 和挥发性污染物,如挥发酚等;③酸、碱污染物(以 pH 表示)即指废酸、废碱;废热污染物(以度表示),是指在废水中含有废热。

（1）复杂型污水

污水中污染物类型数≥3,或者只含有两种类型的污染物,但需要预测其浓度的水质参数≥10 个,这样的污水可定性为复杂类型废水。

（2）复杂程度为中等的污水

污水中含有两种类型的污染物,需要预测其浓度的水质参数数目少于 10;或者只含有一类污染物,但需预测其浓度的水质参数数目≥7。

（3）复杂程度为简单型的污水

污水中只含有一种类型的污染物,需要预测浓度的水质参数不到 7 个。

3. 地表水域规模

是指地表水体的大小规模。地表水体规模的划分,因水体的不同而不同。

（1）河流或河口大小规模的划分

为了体现环境影响评价的特点,从理论上讲应该以枯水期的平均流量作为河流(或河口)大小规模的判据。但因为这种资料难以取得,所以地表水环评技术导则把拟建项目排污口附近河段的多年平均流量作为划分依据。如果没有多年平均流量资料,则用平水期平均流量作为划分的依据。根据导则规定,拟建项目排污口附近河流断面的多年平均流量或平水期平均流量不小于 150 m³/s 的为大河;小于 15m³/s 的为小河;介于两者之间的为中河。

（2）湖泊和水库大小规模的划分

与河流的情况类似,理论上应该以湖泊或水库枯水期蓄水量和蓄水面积作为划分依据。但此时期的资料不易获得,因此按枯水期湖泊或水库平均水深以及水面面积作为划分依据。

① 当平均水深≥10 m 时:大湖(水库)≥25 km²;中湖(水库)2.5～25 km²;小湖(水库)＜2.5 km²。

② 当平均水深＜10 m 时:大湖(水库)≥50 km²;中湖(水库)5～50 km²;小湖(水库)＜5 km²。

4. 地表水域的水质要求

以 BG3838—2002 为依据,如受纳水体的实际功能与该标准的水质分类不一致时,根据当地环境质量要求确定。

6.3.2　评价等级划分方法

按照上述划分原则,对各种情况进行组合,得到地表水环境影响评价分级表(见表6-1),可参考此表对具体建设项目的地表水环境影响评价等级进行划分。

表6-1　地表水环境影响评价分级

评价级别		一级		二级		三级	
建设项目污水排放量/(m³/d)	建设项目污水水质复杂程度	地表水域规模	地表水质要求	地表水域规模	地表水质要求	地表水域规模	地表水质要求
≥20 000	复杂	大	I—III	大	IV、V		
		中、小	I—IV	中、小	V		
	中等	大	I—III	大	IV、V		
		中、小	I—IV	中、小	V		
	简单	大	I、II	大	III—V		
		中、小	I—III	中、小	IV、V		
<20 000 ≥10 000	复杂	大	I—III	大	IV、V		
		中、小	I—IV	中、小	V		
	中等	大	I、II	大	III、IV	大	V
		中、小	I、II	中、小	III—V		
	简单			大	I—III	大	IV、V
		中、小	I	中、小	II—IV	中、小	V
<10 000 ≥5 000	复杂	大、中	I、II	大、中	III、IV	大、中	VI
		小	I、II	小	III、IV	小	V
	中等			大、中	I—III	大、中	IV、V
		小	I	小	II—IV	小	V
	简单			大、中	I、II	大、中	III—V
				小	I—III	小	IV、V
<5 000 ≥1 000	复杂			大、中	I—III	大、中	IV、V
		小	I	小	II—IV	小	V
	中等			大、中	I、II	大、中	III—V
				小	I—III	小	IV、V
	简单					大、中	I—IV
				小	I	小	II—V

续表

评价级别		一级		二级		三级	
建设项目污水排放量/(m³/d)	建设项目污水水质复杂程度	地表水域规模	地表水质要求	地表水域规模	地表水质要求	地表水域规模	地表水质要求
<1 000 ≥200	复杂					大、中	Ⅰ—Ⅳ
						小	Ⅰ—Ⅴ
	中等					大、中	Ⅰ—Ⅳ
						小	Ⅰ—Ⅴ
	简单					中、小	Ⅰ—Ⅳ

6.4 地表水环境现状的调查与评价

6.4.1 地表水环境现状调查的范围

水环境现状调查的范围应包括建设项目对周围地表水环境影响较显著的区域,在此区域内进行的调查,能全面说明与地表水环境相联系的环境基本状况,并能充分满足环境影响预测的需要。在具体确定拟建项目的地表水环境现状调查范围时,应尽量按照将来污染排放后可能的达标范围,参照表6-2、表6-3,并考虑评价等级的高低(评价等级高时取上限,评价等级低时取下限);当所圈定的调查范围之外的下游有敏感区(如水源地、自然保护区等)时,调查范围应延长到敏感区的上游边界处,以满足预测敏感区所受影响的需要。

表6-2 河流环境现状调查范围*(km)

污水排放量/(m³/d)	大河	中河	小河
>50 000	15~30	20~40	30~50
50 000~20 000	10~20	15~30	25~40
20 000~10 000	5~10	10~20	15~30
10 000~5 000	2~5	5~10	10~25
<5 000	<3	<5	5~15

*指排污口下游应调查的河段长度。

表6-3 湖泊(水库)环境现状调查范围

污水排放量/(m³/d)	调查范围	
	调查半径/km	调查面积*(按半圆计)/km²
>50 000	4~7	25~80
20 000~50 000	2.5~4	10~25
10 000~20 000	1.5~2.5	3.5~10
5 000~10 000	1~1.5	2~3.5
<5 000	≤1	≤2

*为以排污口为圆心,以调查半径为半径的半圆形面积。

6.4.2　地表水环境现状调查的时间

1. 水期的划分

根据当地水文资料初步确定河流,河口,湖泊,水库的丰水期、平水期、枯水期,同时确定最能代表这三个时期的季节或月份。遇气候异常年份,要根据流量实际变化情况确定。对有水库调节的河流,要注意水库放水或不放水时的水量变化。

2. 依据评价等级确定调查的时间

评价等级的不同,对调查时间的要求也不同。表 6－4 列出了不同评价等级对各类水域的调查时期。

3. 丰水期的调查

当调查的区域面源污染严重,丰水期水质劣于枯水期,一、二级评价项目应调查丰水期,若时间允许,三级评价也应调查丰水期。

4. 冰封期的调查

冰封期较长的水域且作为饮用、食品加工用水水源或渔业用水时,应调查冰封期的水质和水文情况。

表 6－4　各评价等级对不同水体的调查时期

水环境	一级	二级	三级
河流	一般为一个水文年的丰水期、平水期和枯水期;若评价时间不够,至少应调查平水期和枯水期	条件许可,可调查一个水文年的丰水期、平水期和枯水期;一般可只调查枯水期和平水期;若评价时间不够,可只调查枯水期	一般可只调查枯水期
河口	一般为一个潮汐年的丰水期、平水期和枯水期;若评价时间不够,至少应调查平水期和枯水期	一般应调查枯水期和平水期;若评价时间不够,可只调查枯水期	一般可只调查枯水期
湖泊（水库）	一般为一个潮汐年的丰水期、平水期和枯水期;若评价时间不够,至少应调查平水期和枯水期	一般应调查枯水期和平水期;若评价时间不够,可只调查枯水期	一般可只调查枯水期

6.4.3　调查的内容与方法

1. 水文调查与水文测量

(1) 水文调查与水文测量的原则

① 应尽量向有关的水文测量和水质监测等部门收集现有资料,当上述资料不足时,应进行一定的水文调查与水质调查及相应的水文测量。

② 一般情况,水文调查与水文测量在枯水期进行,必要时,其他时期(丰水期、平水期、冰封期等)也可进行补充调查。

③ 水文测量的内容与拟采用的环境影响预测方法密切相关。在采用数学模式时应根据所选取的预测模式及应输入的参数的需要决定其内容。在采用物理模型时,水文测量主要应取得足够的制作模型及模型试验所需的水文要素。

④ 与水质调查同步进行的水文测量,原则上只在一个时期内进行(此时的水质资料应尽

量采用水团追踪调查法取得）。它与水质调查的（表 6 - 4）次数不要求完全相同,在能准确求得所需水文要素及环境水力学参数（主要指水体混合输移参数及水质模式参数）的前提下,尽量精简水文测量的次数和天数。

（2）河流水文调查与水文测量的内容

应根据评估等级、河流的规模来决定,其中主要有:丰水期、平水期、枯水期的划分,河流平直及弯曲情况（如平直段长度式弯曲段的弯曲半径等）横断面、纵断面（坡度）水位、水深、河宽、流量、流速及其分布、水温、糙率及泥沙含量等,丰水期限有无分流漫滩,枯水期有无浅滩、沙洲和断流,北方河流还应了解覆冰、封冰、解冻等现象,如采用数学模式预测时,其具体调查内容应根据评价等级及河流规模按照河流常用数学模式、环境水力学参数估值方法、面源环境影响预测的需要决定。河网地区应调查各河段流向、流速、流量关系,了解流向、流速、流量的变化特点。

（3）感潮河口的水文调查与水文测量的内容

应根据评价等级、河流的规模来决定,其中除与河流相同的内容外,还包括:感潮河段的范围,涨潮、落潮及平潮时的水位、水深、流向、流速及其分布、横断面、水面坡度以及潮间隙、潮差和历时等。如采用数学模式预测时,其具体调查内容应根据评价等级及河流规模的需要决定。

（4）湖泊、水库水文调查与水文测量的内容

应根据评价等级、湖泊和水库的规模来决定,其中主要有:湖泊水库的面积和形状（附平面图）,丰水期、平水期、枯水期的划分,流入、流出的水量,停留时间,水量的调度和贮量,湖泊、水库的水深,水温分层情况及水流状况（湖流的流向和流速,环流的流向、流速及稳定时间）等。如采用数学模式预测时,其具体调查内容应根据评价的等级及湖泊、水库的规模按照需要来决定。

（5）海湾水文调查与水文测量的内容

应根据评价等级及海湾的特点选择下列全部或部分内容:海岸形状、海底地形、潮位及水深变化、潮流状况（小潮和大潮循环期间的水流变化、平行于海岸线流动的落潮和涨潮）,流入的河水流量、盐度和温度造成的分层情况,水温、波浪的情况以及内海水与外海水的交换周期等。如采用数学模式预测时,其具体调查内容应根据评价等级及海湾特点按照需要来决定。

2. 现有污染源调查

在调查范围内能对地表水环境产生影响的主要污染源均应进行调查。污染源包括两类:点污染源（简称点源）和非点污染源（简称非点源或面源）。

（1）点源的调查

① 调查的原则:(a)以搜集现有资料为主,只有在十分必要时才补充现场调查或测试。例如在评价改、扩建项目时,对此项目改、扩建前的污染源应详细了解,常需现场调查或测试。(b)点源调查的繁简程度可根据评价级别及其与建设项目的关系而略有不同。如评价级别较高且现有污染源与建成项目距离较近时应详细调查,例如位于建设项目的排水与受纳河流的混合过程段以内,并对预测计算可能有影响的情况。

② 调查的内容:(a)污染源排放的特点,排放口的平面位置（附污染源平面位置图）及排放

方向,排放口在断面上的位置,是分散排放还是集中排放。(b)污染源排放数据,根据现有的实测数据、统计报表以及各厂矿的工艺路线等选定的主要水质参数,并调查现有的排放量、排放速度、排放浓度及其变化等数据。(c)给排水状况,主要调查取水量、用水量、循环水量及排水总量等。(d)厂矿企业、事业单位的废、污水处理状况,主要调查废、污水的处理设备、处理效率、处理水量及排放状况等。

(2) 非点源的调查

① 调查的原则:基本上采用间接搜集资料的方法,一般不进行实测。

② 调查的内容:(a)概况:原料、燃料、废弃物的堆放位置(即主要污染源,要求附污染源平面位置图)、堆放面积、堆放形式(几何形状、堆放厚度)、堆放点的地面铺装及其保洁程度、堆放物的遮盖方式等。(b)排放方式、排放去向与处理情况:应说明非点源污染物是有组织的汇集还是无组织的漫流;是集中后直接排放还是处理后排放;是单独排放还是与生产废水式生活废水共同排放等。(c)排放数据:根据现有实测数据、统计报表以及引塌非点源污染的原料、燃料、废料、废弃物的物理、化学、生物化学性质选定调查的主要水质参数,调查有关排放季节、排放时期、排放量、排放浓度及其他变化等数据。

3. 水质调查

(1) 水质参数的选择(见第 4 章)

(2) 水生生物和底质调查

当受纳水域的环境保护要求较高(如自然保护区、饮用水源地、珍贵水生生物保护区、经济鱼类养殖区等),且评价等级为一、二级时应考虑调查水生生物和底质。水生生物包括:浮游动物、藻类、底栖无脊椎动物的种类和数量、水生生物群落结构等。底质主要调查与拟建工程排水水质有关的易积累的污染物。

(3) 水质采样

① 河流、河口的采样要求

(a) 一级评价项目每个取样点的水样均应分析,不取混合样;

(b) 二级评价项目需要预测混合过程段水质的场合,每次应将该段内各取样断面中每条垂线上的水样混合成一个水样。其他情况下每个取样断面每次只取一个混合水样,即在该断面上同各处所取的水样混匀成一个水样;

(c) 三级评价项目只取断面混合水样。

② 湖泊、水库的采样位置

(a) 大、中型湖泊、水库,当建设项目污水排放量小于 50 000 m^3/d 时,一级评价项目每 1～2.5 km^2 布设一个取样位置;二级评价项目每 1.5～3.5 km^2 布设一个取样位置;三级评价项目每 2～4 km^2 布设一个取样位置。当建设项目污水排放量大于 50 000 m^3/d 时,一级评价项目每 3～6 km^2 布设一个取样位置;二、三级评价项目每 4～7 km^2 布设一个取样位置。

(b) 小型湖泊、水库,当建设项目污水排放量水于 50 000 m^3/d 时:一级评价项目每 0.5～1.5 km^2 布设一个取样位置;二、三级评价项目每 1～2 km^2 布设一个取样位置。当建设项污水排放量大于 50 000 m^3/d 时,各级评价均为每 0.5～1.5 km^2 布设一个取样位置。

6.4.4 地表水环境现状评价

（见第 4 章）

6.5 达标分析

在进行水质现状评价之后，要对污染源和受纳水体进行环境质量达标分析。这既是地表水环境质量现状评价的继续和深入，又是地表水环境影响预测的前奏，因为通过达标分析可以为影响预测提供基础资料，同时也为影响预测明确了目标。

6.5.1 污染源达标分析

污染源达标主要包含两个含义：排放污染物浓度达到国家污染物排放标准，污染物总量满足地表水环境质量要求。

首先，污染源排放要达标。在不考虑区域或流域环境质量目标管理的要求，不考虑污染源输入和水质响应关系的情况下，污染源排放浓度要达到相应的污染物排放国家标准，这是环境管理的基本要求。

实际上，仅仅污染源排放达标还是不够的，还必须满足区域污染排放总量控制的要求。总量控制是在所有污染源排放浓度达标的前提下，仍不能实现水质目标时采用的控制路线。根据水质要求和环境容量可以确定污染负荷，确定允许排污量。对区域污染问题实施污染物排放总量控制，优化确定总量分配方案。

达标分析还包括建设项目生产工艺的先进性分析。应与同类企业的生产工艺进行比较，确定此项目生产工艺的水平，不提倡新建工艺落后、污染大、消耗大的项目，应当大力倡导清洁生产技术。

6.5.2 水环境质量达标分析

水环境质量达标分析的目的就是要弄清哪一类污染指标是影响水质的主要因素，进而找出引起水质变化的主要污染源和污染指标，了解水体污染对生态和人群健康的影响，为水污染综合防治和制定实施污染控制方案提供依据。我国河流、湖泊、水库等地表水域的水量及环境质量受季节变化影响较明显，因此，提出了水质达标率的概念。根据国家地表水环境质量标准 GB3838—2002 规定，溶解氧、化学需氧量、挥发酚、氨氮、氰化物、总汞、砷、铅、六价铬、镉十项指标丰、平、枯水期水质达标率均应为 100%，其他各项指标丰、平、枯水期达标率应达 80%。

判断环境质量是否达标，首先要根据水环境功能区划确定水质类别要求，明确水体质量具体目标，并根据水文等条件确定水质允许达标率。然后把各个单因子水质评价的结果汇总，分析各个因子的达标情况。达标分析的水期根据水文调查的水期对应进行。最后以最差水质指标为依据，确定水质质量。

表 6－5 为浊漳河水域合漳断面单因子水质评价汇总表。当地确定的允许达标率为 75%。由表中得出，总大肠菌达五类水标准的达标率为 21.43%，未达到允许达标率，所以水质状况为超五类。

表6-5 浊漳河水域合漳断面单因子水质评价汇总

评价因子	样本数	达一类水质标准比例/%		达二类水质标准比例/%		达三类水质标准比例/%		达四类水质标准比例/%		达五类水质标准比例/%	
总铜	24	4	16.67	24	100.00	24	100.00	24	100.00	24	100.00
总锌	23	19	82.61	23	100.00	23	100.00	23	100.00	23	100.00
硫酸盐	23	15	65.22	21	91.30	21	91.30	23	100.00	23	100.00
亚硝酸盐	24	16	66.67	21	87.5	21	87.5	24	100.00	24	100.00
高锰酸盐	24	5	20.83	18	75.00	20	83.33	22	91.67	22	91.67
BOD$_5$	24	21	87.50	22	91.67	22	91.67	23	95.83	24	100.00
氟化物	23	23	100.00	23	100.00	23	100.00	23	100.00	23	100.00
总砷	24	24	100.00	24	100.00	24	100.00	24	100.00	24	100.00
总汞	23	0	0.00	0	0.00	0	0.00	0	0.00	0	0.00
总镉	24	0	0.00	20	86.96	20	86.96	20	86.96	23	100.00
六价铬	24	23	95.83	24	100.00	24	100.00	24	100.00	24	100.00
总铅	24	4	16.67	24	100.00	24	100.00	24	100.00	24	100.00
总氰化物	24	22	91.96	24	100.00	24	100.00	24	100.00	24	100.00
挥发酚	24	24	100.00	24	100.00	24	100.00	24	100.00	24	100.00
石油类	24	13	54.17	13	54.17	13	54.17	24	100.00	24	100.00
总大肠杆菌	24	0	0.00	0	0.00	3	21.43	3	21.43	3	21.43
氨氮	24	0	0.00	0	0.00	19	79.17	22	91.67	23	95.83

6.6 地表水环境影响预测

建设项目地表水环境影响预测是地表水环境影响评价的中心环节。它的任务是通过一定的技术方法,预测建设项目在不同实施阶段(建设期、运行期、服务期后)对地表水的环境影响,为环境影响评价提供依据,为采取相应的环境管理措施做准备。

6.6.1 预测的基本原理

地表水环境影响的预测是以一定的预测方法为基础,而这种方法的理论基础是水体的自净特性。水体中的污染物在没有人工净化措施的情况下,它的浓度随时间和空间的推移而逐渐降低的特性即为水体的自净特性。从机制方面将水体自净分为物理自净、化学自净、生物自净三类。它们往往是同时发生而又相互影响的。

1. 物理自净

物理自净作用主要指的是污染物在水体中的混合稀释和自然沉淀过程。沉淀作用指排入水体的污染物是微小的悬浮颗粒,如颗粒态的重金属、黏土颗粒、虫卵等由于流动状态变小逐渐沉到水底。污染物沉淀对水质来说是净化,但对底泥来说污染反而增加。混合稀释作用只能降低水中污染物的浓度而不能减少其总量。水体的混合稀释作用主要由下面四部分作用所致。

(1) 紊流扩散作用,是由水流的紊流引起水中污染物自高浓度向低浓度区转移的作用,也称之为湍流扩散作用或涡流扩散作用,这种混合作用主要是由水的不规则运动所引起的。

(2) 移流作用,由于水流的推动使污染物随水流迁移,也叫作平流推移作用,这种混合作用的动力来源于水动力(水的推动力)。

(3) 离散作用,由于在水流方向的横断面上,水流速分布不均匀(由于岸边及水底的阻力使岸边及水底的流速小于水体中心部位的流速)而引起附加的污染物分散,此种附加的污染物分散称为离散或机械弥散。

(4) 分子扩散,是由于水中污染物浓度的差异而引起的由高浓度区向低浓度区迁移(运动)的作用,这种作用的原动力是分子力,这种扩散运动也叫布朗运动。

2. 化学自净

所谓化学自净,是指水体中的污染物通过各种化学反应而使其毒性或浓度降低,从而使水体得到净化,其中氧化还原反应是水体化学自净的重要作用。流动的水流通过水面波浪不断将大气中的氧气溶入,这些溶解于水中的氧与水中污染物发生氧化反应,如某些重金属离子(如铁、锰等)可因氧化生成难溶物而沉淀析出;硫化物可氧化为硫代硫酸盐或硫而被净化。还原作用对水体净化也有作用,但这类反应多在微生物作用下进行。水体在不同的 pH 值下,对污染物有一定净化作用。某些元素在弱酸性环境中容易溶解得到稀释(如锶、锌、镉、六价铬等),而另一些元素在中性或碱性环境中可形成难溶化合物而沉淀,例如:Mn_2^+、Fe_2^+ 形成难溶的氢氧化物沉淀而析出。因天然水体接近中性,所以酸碱反应在水体中的作用不大。天然水体中含有各种各样的胶体,如铝、硅、铁等的氢氧化物,黏土粒和腐殖质等,由于有些微粒具有较大的比表面积,另一些物质本身就是凝聚剂,这就是天然水体所具有的混凝沉淀作用和吸附作用,从而使有些污染物随着这些作用从水中去除。

3. 生物自净

生物自净是指水中各种生物(动物、植物、微生物)在其生命过程中,使水中的某些污染物毒性和数量减少,水体得到净化的过程,其中比较重要的是水中微生物(尤其是细菌)在溶解氧充分的情况下,将一部分有机污染物当作食饵消耗掉,将另一部分有机污染物氧化分解成无害的简单无机物。影响生物自净作用的关键是:溶解氧的含量,有机污染物的性质、浓度以及微生物的种类、数量等。生活污水、食品工业废水中的蛋白质、脂肪类等是极易分解的。但大多数有机物分散缓慢,更有少数有机物难分解,如造纸废水中的木质素、纤维素等,需经数月才能分解,另有一些人工合成的有机物极难分解并有剧毒,如滴滴涕、六六六等有机氯农药和用作热传导体的多氯联苯。水生生物的状况与生物自净有密切关系,它们担负着分解绝大多数有机物的任务。鱼类能吞噬水中有机污染物和某些藻类;蠕虫能分解河底有机污泥,并作为食饵;原生动物除了因以有机物为食饵对水体自净有作用外,还和轮虫、甲壳虫等一起维持着河道的生态平衡。藻类虽不能分解有机物,但与其他绿色植物一起在阳光下进行光合作用,将空气中的二氧化碳转化为氧,从而成为水中氧气的重要补给源。其他如水体温度、水流状态、天气、风力等物理和水文条件以及水面是否有影响复氧作用的油膜、泡沫等对生物自净均有影响。

6.6.2　预测的原则

对于季节性河流,应依据当地环保部门所定的水体功能,结合建设项目的特性确定其预测的原则、范围、时段、内容及方法。

当水生生物保护对地表水环境要求较高时(如珍贵水生生物保护区、经济鱼类养殖区等),应简要分析建设项目对水生生物的影响。分析时一般可采用类比调查法或专业判断法。

6.6.3　预测方法

1. 预测方法简介

(1) 数学模型法

此方法是利用表达水体净化机制的数学方程预测建设项目引起的水体水质变化。该法能给出定量的预测结果,在许多水域有成功应用水质模型的范例。一般情况下此法比较简便,应首先考虑。但这种方法需要有一定的计算条件和输入必要的参数,而且污染物在水中的净化机制,在很多方面尚难用数学模型表达。

(2) 物理模型法

此方法是依据相似理论,在以一定比例缩小的环境模型上进行水质模拟实验,以预测由建设项目引起的水体水质变化。此方法能反映比较复杂的水环境特点,且定量化程度较高,再现性好。但需要有相应的试验条件和较多的基础数据,且制作模型要耗费大量的人力、物力和时间。在无法利用数学模型法预测,而评价级别较高,对预测结果要求较严时,应选用此法。但污染物在水中的化学、生物净化过程难以在实验中模拟。

(3) 类比调查法

调查与建设项目类似,且其纳污水体的规模、流态、水质也相似的工程。根据调查结果,分析预估拟建项目的水环境影响。此种预测属于定性或半定量性质。已建的相似工程有可能找到,但此工程与拟建项目有相似的水环境状况则不易找到。所以类比调查法所得结果往往比较粗略,一般多在评价工作级别较低,且评价时间较短,无法取得足够的参数、数据时,用类比法求得数学模式中所需的若干参数和数据。

2. 预测条件的确定

在选用预测方法之后,还应从工程、环境两方面确定必需的预测条件,方可实施预测工作。工程方面的预测条件是筛选拟预测的水质参数和考虑工程实施过程不同阶段时的影响;环境方面的预测条件是确定预测范围,布设预测点和根据环境的净化能力确定预测时段。

(1) 筛选拟预测的水质参数

根据对建设项目的初步工程分析,可知此项目排入水体的污染源与污染物情况。结合水环境影响评价的级别、环境现状、工程与水环境两者的特点、当地的环保要求,即可从将要排入水体的污染物中筛选水质预测参数。筛选数目要说明问题又不宜过多,一般情况下应少于水质现状调查参数的数目,在建设阶段、运行阶段、服务期满阶段应根据各自的具体情况确定预测参数,彼此不一定相同。对于河流,可按式(6-1)将水质参数排序后从中选取:

$$ISE = \frac{C_p Q_p}{(C_s - C_h)Q_h} \qquad (6-1)$$

式中,ISE 为污染物排序指数,数值越大说明建设项目对河流中该项水质参数的影响越大;C_p

为污染物排放浓度，ml/L；Q_P 为废水排放量，m^3/s；C_S 为水质标准，C_h 为上游污染物浓度，mg/L；Q_h 为河流流量，m^3/s。

（2）建设项目环境影响的预测阶段划分

所有建设项目均应预测生产运行阶段对地表水环境的影响。该阶段的地表水环境影响应按废水、污水正常排放和非正常排入两种情况进行预测。

大型建设项目应根据该项目建设阶段的特点和评价等级、受纳水体特点以及当地环保要求来决定是否预测该阶段的环境影响。同时具备如下 3 个特点的大型建设项目应预测建设阶段的环境影响：①地表水水质要求较高，如要求达到Ⅲ类水以上；②可能进入地表水环境的堆积物较多或土方量较大；③建设阶段时间较长，如超过一年。建设阶段对水环境影响主要来自水土流失和堆积物的流失。

根据建设项目的特点、评价等级、地表水环境特点和当地环保要求，个别建设项目应预测服务期满后对地表水环境的影响。矿山开发项目一般应预测此种环境影响。这是因为矿井（坑）报废后，矿井（坑）、矿渣对环境的影响并没有停止。

（3）预测范围的确定和预测点的布设

地表水环境预测的范围与地表水环境现状调查的范围相同或略小（特殊情况也可以略大）。确定预测范围的原则与现状调查相同。在预测范围内应布设适当的预测点，通过预测这些点所受的影响来全面反映建设项目对该范围内地表水环境的影响。预测点的数量和位置应根据受纳水体和建设项目的特点、评价等级以及当地的环保要求来确定，一般情况下环境现状监测点作为预测点；水文特征、水质突然变化处的上下游，重要水工建筑物附近，水文站附近均应布置监测点；当需要预测河流混合过程的水质时，在该河段也应布置预测点；有些重要用水点虽然在预测范围之外，但估计可能受影响，也应布置预测点。

（4）确定地表水环境影响预测的时段

地表水环境影响预测应考虑水体自净能力在不同时段有所差异。通常可将其划分为自净能力最小、一般、最大三个时段。自净能力最小的时段通常在枯水期（结合建设项目设计的要求考虑水量的保证率），个别水域由于面源污染严重也可能在丰水期；自净能力一般的时段通常在平水期；在丰水期自净能力最大。冰封期的自净能力很小，情况特殊，如果冰封期较长可单独考虑。评价等级为一、二级时，应分别预测建设项目在水体自净能力最小和一般的两个时段的环境影响。冰封期较长的水域，当其水体功能为生活饮用水、食品工业用水水源或渔业用水时，还应预测此时段的环境影响。评价等级为三级或评价等级为二级但评价时间较短时，可以只预测自净能力最小时段的环境影响。

6.7　水质预测模型简介

6.7.1　地表水环境和污染源的简化

预测模型往往是在假设最简单的条件下建立的，例如：河流呈平直的、稳态的、恒定排放的，等等。但是，在自然状况下，情况要复杂得多，为使实际条件满足预测条件，减少预测的难度，常常需要把地表水环境条件和污染源条件进行简化。

1. 河流的简化

（1）河段的划分

为使预测方便经常将河流划分为若干个河段,根据相对于排污口的位置和污染物在河流中的分布特征,河流可划分为:

① 完全混合段（也可称为充分混合段）

是指位于排污口下游,污染物浓度在断面上均匀分布的河段,即在该河段内污水已经与河水完全混合。当断面上任意一点的浓度与断面平均浓度之差小于平均浓度的 5% 时,可以认为污染物已达到均匀分布。

② 混合过程段（也可称为混合段）

是指位于排污口下游侧到污染物与河水完全混合断面之间的一段河流,该河段污染物浓度分布不均匀,水质受排污影响最大,高浓度区往往超出地表水环境质量标准的要求,其长度的大小和水质状况是环境影响评价工作者和环境保护管理者关心的焦点,混合过程段的长度可由下式估算:

$$L = \frac{(0.4B - 0.6a)Bu}{(0.058H + 0.0065B)\sqrt{gHI}} \qquad (6-2)$$

式中,L 为混合过程段长度,m;B 为河流宽度,m;a 为排放口到岸边距离,m;u 为河水流速,m/s;g 为重力加速度;H 为平均水深,m;I 为河底或地面坡度。

[例 6-1]　某河流宽 50 m,深 3 m,河底坡降 1‰,水流速度 2 m/s,现有一废水拟排入该河,试确定混合过程段最小的排放方式。

解:已知 $B = 50$ m,$H = 3$ m,$I = 1‰$,$a_{边} = 0$,$a_{心} = 25$ m,$u = 2$ m/s,$g = 9.8$ m/s^2

$$L_{边} = \frac{(0.4B - 0.6a) \times B \times u}{(0.058H + 0.006\,5B) \times \sqrt{gHI}}$$

$$= \frac{0.4 \times 50 \times 50 \times 2}{(0.058 \times 3 + 0.006\,5 \times 50) \times \sqrt{9.8 \times 3 \times 0.001}} = 23\,375 \text{ m}$$

$$L_{心} = \frac{(0.4B - 0.6a) \times B \times u}{(0.058H + 0.006\,5B) \times \sqrt{gHI}}$$

$$= \frac{(0.4 \times 50 - 0.6 \times 25) \times 50 \times 2}{(0.058 \times 3 + 0.006\,5 \times 50) \times \sqrt{9.8 \times 3 \times 0.001}} = 5\,844 \text{ m}$$

由此可以看出,河心排放的混合距离是河边排放的四分之一。

③ 上游段

位于排污口的上游侧,是水质和水量不受排污影响或影响较小的河段,其水质和水量可作为环境影响预测的背景资料。

（2）河流形状的简化

① 河流可以简化成矩形平直河流、矩形弯曲河流和非矩形河流三种。

② 河流断面的宽深比≥20 时,可视为矩形河流。

③ 大中河流的预测段弯曲较大（弯曲系数＞1.3）时,可视为弯曲河流,否则简化为平直河流。

④ 大中河流沿程断面形状变化较大时,可分段考虑。

⑤ 大中河流沿程断面上的水深变化较大且评价等级较高（如一级评价）时,可视为非矩形河流,并应调查其流场,其他情况均可简化为矩形河流。

⑥ 小河可以简化成矩形平直河流。

（3）河流水文、水质的简化

在水文、水质有急剧变化的河段,在急剧变化处分段,各段分别进行预测。

（4）江心洲的简化

评价等级为三级时,江心洲、浅滩等均可按无江心洲、浅滩的情况对待。江心洲位于充分混合段,评价等级为二级时,可按无江心洲对待;评价等级为一级且江心洲较大时,可分段进行环境影响预测,若江心洲较小时可不予考虑。当江心洲位于混合过程段,可分段进行预测,评价等级为一级时也可采用数值模型进行预测。

（5）人工控制河流的简化

根据水流情况可以视其为水库（在用水量小或蓄水期）,也可视其为河流（在泄洪和用水量较大时）,应分期进行环境预测。

2. 河口的简化

河口包括河流与海洋汇合部、河流感潮部、口外海滨段、河流与湖泊或水库的汇合部。

（1）河流感潮段是指受潮汐作用明显的河段。可以将落潮时最大断面平均流速与涨潮时最小断面平均流速之差小于 0.05 m/s 的断面作为其与河流的分界,除个别要求很高（一级评价）的情况外,河流感潮段一般可按潮周平均,高潮平均、低潮平均三种情况,简化为稳态流进行预测。

（2）河流汇合部可以分为支流、汇合前主流、汇合后主流三段分别进行预测。小河汇入大河时,可把小河看作是点源。

（3）河流与湖泊,水库汇合部可以按照河流和湖泊、水库两部分分别预测。

（4）河口断面沿程变化较大时,可分段进行预测。

3. 湖泊、水库的简化

在进行湖泊、水库的预测时,可以将其简化为大湖（库）、小湖（库）,分层湖（库）三种情况。

（1）一级评价的中湖（库）可视为大湖（库）,污染物停留时间较短时,可按小湖（库）;三级评价的中湖（库）,可按小湖（库）对待,停留时间很长时也可按大湖（库）对待;二级评价如何简化可具体对待。

（2）水深>10 m 且分层期较长（>30 天）的湖泊（库）,可视为分层湖（库）。

（3）无大面积回流区或死水区的流速快、停留时间短的狭长湖泊可简化为河流。其岸边形状和水文要素变化较大时还可进一步分段。

（4）不规则湖（库）可根据流场分布情况和几何形状分区。

4. 污染源的简化

污染源简化包括排放形式的简化和排放规律的简化;排放形式可简化为点源和面源;排放规律可简化为连续恒定排放与非连续恒定排放。

（1）排入河流的两排放口相距较近时,可视为一个,其位置假设在两者之间,其排放量为两者之和。两排污口比较远时,可分别单独考虑。

（2）排入小湖（库）的所有排污口可简化为一个,排放量为所有排放量之和。排入大湖

(库)的两排放口较近时,可简化为一个,其位置假设在两者之间,排放量为两者之和。两者相距较远时,可分别单独考虑。

(3) 无组织排放可简化为面源。多个间距很近的排放口,可视作面源。在地表水环境影响预测中,通常可以把排放规律简化为连续恒定排放。

6.7.2　水质预测模型的使用原则

正确选择和运用水质模型,是地表水环境影响评价的关键。在选择使用水质模型时,需遵循以下几个原则。

1. 问题的合理简化

把环境影响问题进行合理简化,包括选择主要影响因素和变量,突出主要矛盾,分析各个变量之间的逻辑关系,建立模型的结构。

2. 选择适当的模型维数

水质模型的维数指的是空间维数,即 X、Y、Z 的空间方向。零维模型指的是污染物在空间上完全均匀混合,只考虑随时间的变化;一维模型,对于河流,河口类水体,常指的是河流纵向,即 X 方向上的浓度变化,对于湖泊、水库指的是 Z 轴方向即垂直向上的浓度变化;二维通常指的是 X 方向和 Y 方向。对于不同维数的模型,都存在稳态和非稳定(即考虑随时间的变化)的两类模型。

具体进行环境影响评价时,要针对模拟的目标和环境影响评价的要求,选择模型的维数。

(1) 在充分混合段可采用一维模式或零维模式预测断面的平均水质;大中河流一二级评价项目,且排放口下游 $3\sim 5$ km 以内有集中取水点,或其他特别重要的环境保护目标时,均采用二维模型(或弗-罗模型)预测混合过程段的水质;其他情况可根据工程、环境特点、评价等级及当地环保要求,决定是否采用二维模式。

弗-罗模型适用于预测混合过程段以内的断面平均水质,其使用条件为:大-中河流,$B/H \geqslant 20$,预测水质断面至排放口的距离 $x \geqslant 3\,000$ m。

(2) 河流水温可采用一维模型预测断面平均温度值;pH 视其具体情况可以只采用零维模型预测。

(3) 小湖(库)可采用零维模型预测其平衡时的平均水质,大湖应预测排放口附近各点的水质。在必须考虑沿河道的污染物衰减和沿程稀释倍数的变化时,就将各类水质模型简化为一维。在必须考虑排放口混合区域范围时,则为二维问题,要选二维模型来描述。

3. 确定模型的适用性

对于每类水质模型,都有其适用的条件和范围。每种模型只能够在一定条件、一定精度下解决问题。所以选用水质模型,首先要弄清水质目标要求和计算范围,然后根据各个水质模型的适用性和特点选择使用。例如对于一条河流,各个河段具有不同的特点和水质要求,这时就要把河流分解为若干段,每段选择不同的模型进行计算。

4. 合理的参数匹配

有了好的模型,还需要合理的参数配合才能得到正确的计算结果。在实际建设项目评价过程中,要根据现有的有效资料的种类和数量,从比较复杂的环境条件中提炼出影响环境的主要因素,然后简化到模型的参数中。模型的资料要求非常严格,尤其是资料的来源与目标的匹配性、数据和参数的时间同步性。

5. 模型的精度检验

模型的精度检验是模拟工作的检验,它能够反映出模拟系统的精度,模型的适用性程度。有条件地选择水质模型后,均应用实测数据输入模型,模拟实测条件,通过模拟结果与实验数据的偏差,来检验模型的预测精度,以了解模型的适用性。也就是说,一个模型仅仅符合一组数据,还不能确定其预测结果的可靠性,如果有十组数据,可取其中六组数据用于建立模型,其他四组数据进行模型验证。

模型的恰当应用,关键在于能否合理确定参数。而参数合理确定的基础是大量可靠的数据资料,模型使用的重点应放在设计条件下进行方案比较和趋势预测上,这样就可以在模型的有效性范围内,使用数学模型更好地为规划和环境管理服务。

6.7.3 河流预测模式

河流预测模式,往往根据预测对象分为四大类型:持久性污染物预测模型、非持久性污染物预测模型、酸碱污染物预测模型、废热预测模型。

1. 持久性污染物的预测模型

1) 充分混合段

各评价等级均可采用河流完全混合模式:

$$C = \frac{C_p Q_p + C_h Q_h}{Q_p + Q_h} \tag{6-3}$$

式中,C_p 为污染物排放浓度,mg/L;Q_p 为废水排放量,m³/s;C_h 为上游污染物浓度,mg/L;Q_h 为河流流量,m³/s。

[例6-2] 某厂以废水量为 12 m³/s 的速率从岸边(或从河心)向附近河流排放,废水中的总溶解盐浓度为 1 400 mg/L,河流的平均流速为 1.5 m/s,平均河宽为 4.7 m,平均河深为 2 m,河底坡降为 1‰,河水总溶解盐浓度为 310 mg/L。若总溶解盐水质标准为 500 mg/L,试预测该厂废水排入河流后废水与河水完全混合的位置及其对河流的影响。

解: 已知 $C_p = 1\,400$ mg/L,$Q_p = 12$ m³/s,$C_h = 310$ mg/L,$B = 4.7$ m,$H = 2$ m,$I = 0.001$,$u = 1.5$ m,$Q_h = 2 \times 4.7 \times 1.5 = 14.1$ m³/s,污水与河水完全混合后的距离为

$$L_{\text{边}} = \frac{(0.4B - 0.6a) \times B \times u}{(0.058H + 0.006\,5B) \times \sqrt{gHI}}$$

$$= \frac{0.4 \times 4.7^2 \times 1.5}{(0.058 \times 2 + 0.006\,5 \times 4.7) \times \sqrt{9.8 \times 2 \times 0.001}} = 644 \text{ m}$$

$$L_{\text{心}} = \frac{(0.4B - 0.6a) \times B \times u}{(0.058H + 0.006\,5B) \times \sqrt{gHI}}$$

$$= \frac{(0.4 \times 4.7 - 0.6 \times 2.35) \times 4.7 \times 1.5}{(0.058 \times 2 + 0.006\,5 \times 4.7) \times \sqrt{9.8 \times 2 \times 0.001}} = 161 \text{ m}$$

完全混合后总溶解盐的浓度为

$$C = \frac{C_p Q_p + C_h Q_h}{Q_p + Q_h} = \frac{1\,400 \times 12 + 310 \times 14.1}{14.1 + 12} = 811.1 \text{ mg/L}$$

该厂废水排入河流后使河水中的总溶解盐浓度达到 811.1 mg/L,远远超出水质标准,说明废水的排放严重影响了河水水质。

2)平直河流混合过程段

各级评价均可采用二维稳态混合模型,但一级评价的横向混合系数 M_y 采用多参数优化法或示踪试验法确定;二、三级评价的 M_y 采用泰勒法确定,泰勒法计算式详见本章后续式(6-57),但也可用弗-罗模型。

(1) 二维稳态混合模式

① 岸边排放

$$C(x,y)=C_p+\frac{C_pQ_p}{H\sqrt{\pi M_yxu}}\left\{\exp\left(\frac{uy^2}{4M_yx}\right)+\exp\left[-\frac{u(2B-y)^2}{4M_yx}\right]\right\} \quad (6-4)$$

式中,H 为水深,m;M_y 为横向混合系数,m^2/s;x 为纵向坐标,m;u 为流速,m/s;y 为横向坐标,m;B 为河流宽度,m。

[例 6-3]　求例 6-2 岸边排放下游 500 m,距岸边 2 m 处溶解盐浓度。

解:已知 $C_p=1\,400$ mg/L,$Q_p=12$ m³/s,$C_h=310$ mg/L,$B=4.7$ m,$H=2$ m,$I=0.001$,$x=500$ m,$y=2$ m,$u=1.5$ m/s

采用泰勒公式计算如下(式 6-57):

$$M_y=(0.058H+0.006\,5B)\sqrt{gHI}=(0.058\times2+0.0065\times4.7)\times\sqrt{9.8\times2\times0.001}$$
$$=0.021$$

在预测点处的浓度为

$$C(500,2)=C_h+\frac{C_pQ_p}{H\sqrt{\pi M_yxu}}\left\{\exp\left(\frac{uy^2}{4M_yx}\right)+\exp\left[-\frac{u(2B-y)^2}{4M_yx}\right]\right\}$$

$$=310+\frac{1\,400\times12}{2\sqrt{3.14\times0.021\times500\times1.5}}\left\{\begin{array}{l}\exp\left(\frac{1.5\times2^2}{4\times0.021\times500}\right)\\+\exp\left[-\frac{1.5(2\times4.7-2)^2}{4\times0.021\times500}\right]\end{array}\right\}$$

$$=1\,515 \text{ mg/L}$$

② 非岸边排放

$$C(x,y)=C_h+\frac{C_pQ_p}{2H\sqrt{\pi M_yxu}}\left\{\begin{array}{l}\exp\left(-\frac{uy^2}{4M_yx}\right)+\exp\left[-\frac{u(2a+y)^2}{4M_yx}\right]\\+\exp\left[-\frac{u(2B-2a-y)^2}{4M_yx}\right]\end{array}\right\} \quad (6-5)$$

[例 6-4]　求例 6-2 河心排放,下游 150 m,河心处的溶解盐浓度。

解:已知 $C_p=1\,400$ mg/L,$Q_p=12$ m³/s,$C_h=310$ mg/L,$B=4.7$ m,$H=2$ m,$I=0.001$,$x=150$ m,$y=2.35$ m,$u=1.5$ m/s,$a=2.35$ m。

$$M_y=(0.058H+0.006\,5B)\sqrt{gHI}=(0.058\times2+0.006\,5\times4.7)\sqrt{9.8\times2\times0.001}=0.021$$

在预测点处的浓度为

$$C(150,2.35)=C_h+\frac{C_pQ_p}{2H\sqrt{\pi M_yxu}}\left\{\begin{array}{l}\exp\left(-\frac{uy^2}{4M_yx}\right)+\exp\left[-\frac{u(2a+y)^2}{4M_yx}\right]\\+\exp\left[-\frac{u(2B-2a-y)^2}{4M_yx}\right]\end{array}\right\}$$

$$= 310 + \frac{1\,400 \times 12}{2 \times 2\sqrt{3.14 \times 0.021 \times 150 \times 1.5}} \left\{ \begin{array}{l} \exp\left(-\dfrac{1.5 \times 2.35^2}{4 \times 0.021 \times 150}\right) + \\[2mm] \exp\left[-\dfrac{1.5 \times (2 \times 2.35 + 2.35)^2}{4 \times 0.021 \times 150}\right] + \\[2mm] \exp\left[-\dfrac{1.5 \times (2 \times 4.7 - 2 \times 2.35 - 2.35)^2}{4 \times 0.021 \times 150}\right] \end{array} \right\}$$

$$= 882 \text{ mg/L}$$

（2）弗-罗模型

$$C_N = \frac{C_p}{N} + \frac{N-1}{N} C_h$$

$$N = \frac{rQ_h + Q_p}{Q_p}$$

$$r = \frac{1 - \exp(-\beta\sqrt[3]{x})}{1 + \dfrac{Q_h}{Q_p}\exp(-\beta\sqrt[3]{x})} \tag{6-6}$$

$$\beta = 0.604\varepsilon\sqrt[3]{\frac{Hun}{Q_p\sqrt[6]{R}}}$$

式中，N 为污染物稀释倍数；r 为稀释比；β 为中间变量；ε 为排放口系数，岸边取 1.0；河心取 1.5，其他情况在 1.5～1.0 之间；n 为粗糙系数（据表 6-6 查得）；R 为水力半径，对于矩形河道 $R = BH/(B - 2H)$，m。

表 6-6　天然河道糙率（n）

（1）单式断（或主槽）较高水部分

类型		河　段　特　征			n
		河床组成及床面特征	平面形态及水流流态	岸壁特征	
I		河床为沙质组成，床面较平整	河段顺直，断面规整，水流畅通	两侧岸壁为土质或土沙质，形状较整齐	0.020～0.024
II		河床为岩板，沙砾石或卵石组成，床面较平整	河段顺直，断面规整，水流畅通	两侧岸壁为土沙质或石质，形状较整齐	0.022～0.026
III	1	沙质河床，河底不太平顺	上游顺直，下游接缓弯，水流不够通畅，有局部回流	两侧岸壁为黄土，长有杂草	0.025～0.029
	2	河底为沙砾或卵石组成，底坡较均匀，床面尚平整	河段顺直段较长，断面较规整，水流较通畅，基本上无死水、斜流或回流	两侧岸壁为土沙、岩石，略有杂草、小树，形状较整齐	0.025～0.029

续表

类型		河 段 特 征			n
		河床组成及床面特征	平面形态及水流流态	岸壁特征	
Ⅳ	1	细沙,河底中有稀疏水草或水生植物	河段不够顺直,上下游附近弯曲,有挑水坝,水流不顺畅	土质岸壁,一岸坍塌严重,为锯齿状,长有稀疏杂草及灌木;一岸坍塌,长有稠密杂草或芦苇	0.030～0.034
	2	河床为砾石或卵石组成,底坡尚均匀,床面不平整	顺直段距上弯道不远,断面尚规整,水流尚通畅,斜流或回流不甚明显	一侧岸壁为石质、陡坡,形状尚整齐,另一侧岸壁为砂土,略有杂草、小树,形状较整齐	0.030～0.034
Ⅴ		河底为卵石、块石组成,间有大漂石,底坡尚均匀,床面不平整	顺直段夹于两弯道之间,距离不远,断面尚规整,水流显示出斜流、回流或死水现象	两岸壁均为石质、陡坡,长有杂草、树木,形状尚整齐	0.035～0.040
Ⅵ		河床为卵石、块石、乱石或大块石及大孤石组成,床面不平整,底坡有凹凸状	河段不顺直,上下游有急弯,或下游有急滩、深坑等;河段处于 S 形顺直段,不整齐,有阻塞或岩溶情况较发育;水流不畅通,有斜流、回流、漩涡、死水现象;河段上游为弯道或为两河汇口,落差大,水流急,河中有严重阻塞,或两侧有深入河中的岩石,伴有深潭或有回流等;上游为弯道,河段不顺直,水行于深槽峡谷间,多阻塞,水流湍急,水声较大	两岸壁为岩石及砂土,长有杂草、树木,形状尚整齐;两岸壁为石质砂夹乱石、风化页岩,崎岖不平整,上面生长杂草、树木	0.04～0.10

（2）滩地部分

类型	滩 地 特 征 描 述			糙率 n	
	平纵横形态	床质	植被	变化幅度	平均值
Ⅰ	平面顺直,纵断面平顺,横断面整齐	土、沙质、淤泥	基本上无植物或为已收割的田地	0.026～0.038	0.030
Ⅱ	平、纵、横断面尚顺直整齐	土、沙质	稀疏杂草、杂树或矮小农作物	0.030～0.050	0.040
Ⅲ	平、纵、横断面尚顺直整齐	沙砾、卵石滩,或为土沙质	稀疏杂草、小杂树,或种有高干作物	0.040～0.060	0.050
Ⅳ	上下游有缓弯,纵、横断面尚平坦,但有束水作用,水流不通畅	土沙质	种有农作物,或有稀疏树木	0.050～0.070	0.060

续表

类型	滩地特征描述			糙率 n	
	平纵横形态	床质	植被	变化幅度	平均值
V	平面不畅通,纵、横断面起伏不平	土沙质	有杂草、杂树,或为水稻田	0.060～0.090	0.075
VI	平面尚顺直,纵、横断面起伏不平,有洼地、土埂等	土沙质	长满中密的杂草及农作物	0.080～0.120	0.100
VII	平面不通畅,纵、横断面起伏不平,有洼地、土埂等	土沙质	3/4 地带长满茂密的杂草、灌木	0.011～0.160	0.130
VIII	平面不通畅,纵、横断面起伏不平,有洼地、土埂阻塞物	土沙质	全断面有稠密的植被、芦柴或其他植物	0.160～0.200	0.180

[例 6-5] 利用弗-罗模型求解例 6-4。

解:

$$C_N = \frac{C_p}{N} + \frac{N-1}{N}C_h = \frac{1\,400}{2.128} + \frac{1.128}{2.128} \times 310 = 822 \text{ mg/L}$$

$$N = \frac{rQ_h + Q_p}{Q_p} = \frac{0.96 \times 14.1 + 12}{12} = 2.128$$

$$r = \frac{1 - \exp(-\beta\sqrt[3]{x})}{1 + \dfrac{Q_h}{Q_p}\exp(-\beta\sqrt[3]{x})} = \frac{1 - \exp(-0.747\sqrt[3]{150})}{1 + \dfrac{14.1}{12}\exp(-0.747\sqrt[3]{150})} = 0.96$$

$$\beta = 0.604\varepsilon\sqrt[3]{\frac{Hun}{Q_p\sqrt[6]{R}}} = 0.604 \times 1.5\sqrt[3]{\frac{2 \times 1.5 \times 0.024}{12 \times \sqrt[6]{13.429}}} = 0.747$$

3) 弯曲河流混合过程段,应用条件同 2)。

(1) 岸边排放

$$C(x,q) = C_h + \frac{C_p Q_p}{H\sqrt{\pi M_q x}}\left\{\exp\left(-\frac{q^2}{4M_q x}\right) + \exp\left[-\frac{(2Q_h - q)^2}{4M_q x}\right]\right\} \qquad (6-7)$$

(2) 非岸边排放

$$C(x,q) = C_h + \frac{C_p Q_p}{2H\sqrt{\pi M_q x}}\left\{\begin{array}{l}\exp\left(-\dfrac{q^2}{4M_q x}\right) + \exp\left[-\dfrac{(2aHu + q)^2}{4M_q x}\right] \\[2mm] + \exp\left[-\dfrac{(2Q_h - 2aHu - q)^2}{4M_q x}\right]\end{array}\right\} \qquad (6-8)$$

$$q = Huy$$
$$M_q = H^2 u M_y$$

式中,M_q 为累积流量坐标下的横向混合系数,m^5/s^2;q 为累积流量,m^3/s;

[例 6-6] 假定例 6-2 是弯曲河流,河心排放,求下游 150 m,河心处的溶解盐的浓度。

$q = Huy = 2 \times 1.5 \times 2.35 = 7.05$

$M_q = H^2 u M_y = 2^2 \times 1.5 \times 0.021 = 0.126$

$$C(x,q) = C_h + \frac{C_p Q_p}{2H\sqrt{\pi M_q x}} \left\{ \begin{array}{l} \exp\left(-\dfrac{q^2}{4M_q x}\right) + \exp\left[-\dfrac{(2aHu+q)^2}{4M_q x}\right] \\ + \exp\left[-\dfrac{(2Q_h - 2aHu - q)^2}{4M_q x}\right] \end{array} \right\}$$

$$= 310 + \frac{1\,400 \times 12}{2 \times 2\sqrt{3.14 \times 0.126 \times 150}} \left\{ \begin{array}{l} \exp\left(-\dfrac{7.05^2}{4 \times 0.126 \times 150}\right) + \\ \exp\left(-\dfrac{(2 \times 2.35 \times 2 \times 1.5 + 7.05)^2}{4 \times 0.126 \times 150}\right) + \\ \exp\left[-\dfrac{(2 \times 14.1 - 2 \times 2.35 \times 2 \times 1.5 - 7.05)^2}{4 \times 0.126 \times 150}\right] \end{array} \right\}$$

$$= 1\,472 \text{ mg/L}$$

4）沉降作用明显的河流

混合过程段可近似采用非持久性污染物的相应预测模型，但应将 k_1 改为 k_3；充分混合段可采用托马斯模型，式中 k_1 为零。

2. 非持久性污染物的预测模型

1）充分混合段

一级评价采用 S－P 模式，K_1 的确定采用多点法、多参数优化法，kol 法，对于清洁河流（现状水质为Ⅰ、Ⅱ、Ⅲ级水）采用实验室测定法；K_2 的确定采用多参数优化法，清洁河流采用经验公式法。

二级评价采用 S－P 模式，K_1 用两点法、多点法、多参数优化法，清洁河流采用实验室测定法；K_2 采用经验公式法确定。清洁河流不预测 DO。

三级评价采用 S－P 模式，K_1 采用两点法，试验室测定法，类比法确定；K_2 采用经验公式法确定。不预测 DO。

$$C = C_0 \exp\left(-K_1 \frac{x}{86\,400u}\right) \tag{6-9}$$

$$D = \frac{K_1 C_0}{K_2 - K_1}\left[\exp\left(-K_1\frac{x}{86\,400u}\right) - \exp\left(-K_2\frac{x}{86\,400u}\right)\right] + D_0\exp\left(-K_2\frac{x}{86\,400u}\right) \tag{6-10}$$

$$X_c = \frac{86\,400u}{K_2 - K_1}\ln\left[\frac{K_2}{K_1}\left(1 - \frac{D_0}{C_0}\cdot\frac{K_2 - K_1}{K_1}\right)\right]$$

$$C_0 = \frac{C_p Q_p + C_h Q_h}{Q_p + Q_h} \tag{6-11}$$

$$D_0 = \frac{C_p Q_p + D_h Q_h}{Q_p + Q_h}$$

式中，D，D_0，D_p 为亏氧量，初始亏氧量，废水中亏氧量，mg/L；K_1、K_2 为耗氧、复氧系数，d^{-1}；X_c 为最大氧亏点距初始点（完全混合断面）距离。

[例6－7]　一个工厂的废水排入一条比较清洁的河流，河流的 $\text{BOD}_5 = 2.0$ mg/L，溶解

氧为 8.0 mg/L,水温 22℃,流量为 7.1 m³/s。工业废水的 BOD$_5$=800 mg/L,水温 31℃,流量为 3.5 m³/s,废水排出前经过曝气使溶解氧达到 6 mg/L 。废水与河水混合后河道平均水深为 0.91 m,河宽为 15.2 m,河流的溶解氧标准为 5.0 mg/L,各常数经测定为:K_1(20℃)=0.32　d^{-1};K_2(20℃)=3.0　d^{-1};θ_1=1.05;θ_2=1.02。试计算距完全混合断面下游 1 000 m 处 BOD$_5$ 的浓度、最大氧亏距离及氧亏量和 BOD$_5$ 的浓度。

解: 已知 C_p=800 mg/L,Q_p=3.5 m³/s,T_p=31℃;C_h=2.0 mg/L,Q_h=7.1 m³/s,T_h=22℃

$$C_0=\frac{C_pQ_p+C_hQ_h}{Q_p+Q_h}=\frac{800\times3.5+2\times7.1}{3.5+7.1}=265.491 \text{ mg/L}$$

又因废水温度与河水温度不同,从而使污染物在不同温度下的扩散产生一定的差异,因此需要对扩散参数进行修正,废水与河水混合后温度为

$$T=\frac{T_pQ_p+T_hQ_h}{Q_p+Q_h}=\frac{31\times3.5+22\times7.1}{3.5+7.1}=24.972℃\approx25℃$$

$$K_1(25℃)=K_1(20℃)\theta_1(T-20)=0.32\times1.05(25-20)=1.68 \text{ d}^{-1}$$

$$K_2(25℃)=K_2(20℃)\theta_2(T-20)=3.0\times1.02(25-20)=15.3 \text{ d}^{-1}$$

废水与河水混合后平均水深为 0.91 m,河宽为 15.2 m,水的流速为

$$u=\frac{Q}{BH}=\frac{10.6}{15.2\times0.91}=0.77 \text{ m/s}$$

则下游 1 000 m 处 BOD$_5$ 的浓度为

$$C=C_0\exp\left[-\frac{K_1x}{86\ 400u}\right]=265.491\times\exp\left[-\frac{1.68\times1\ 000}{86\ 400\times0.77}\right]=258.94 \text{ mg/L}$$

因 C_p=6 mg/L,C_h=8.0 mg/L,废水的饱和溶解氧 $C_s=\dfrac{468}{31.6+T}=\dfrac{468}{31.6+31}=$

7.476 mg/L,氧亏 D_p=7.476-6=1.476 mg/L;河水的饱和溶解氧 $C_s=\dfrac{468}{31.6+T}=\dfrac{468}{31.6+22}=$

8.731 mg/L ,氧亏 D_h=8.731-8=0.731,则初始氧亏为

$$D_0=\frac{D_pQ_p+D_hQ_h}{Q_p+Q_h}=\frac{1.476\times3.5+0.731\times7.1}{3.5+7.1}=0.977 \text{ mg/L}$$

则混合断面下游最大氧亏点距离为

$$X_c=\frac{86\ 400u}{K_2-K_1}\ln\left[\frac{K_2}{K_1}\left(1-\frac{D_0}{C_0}\times\frac{K_2-K_1}{K_1}\right)\right]$$

$$=\frac{86\ 400\times0.77}{15.3-1.68}\ln\left[\frac{15.3}{1.68}\left(1-\frac{0.977}{265.491}\times\frac{15.3-1.68}{1.68}\right)\right]=10\ 594.91 \text{ m}$$

最大氧亏值为

$$D=\frac{K_1C_0}{K_2-K_1}\left[\exp\left(-K_1\frac{x}{86\ 400u}\right)-\exp\left(-K_2\frac{x}{86\ 400u}\right)\right]+D_0\exp\left(-K_2\frac{x}{86\ 400u}\right)$$

$$=\frac{1.68\times265.491}{15.3-1.68}\left[\exp\left(-1.68\frac{10\ 594.91}{86\ 400\times0.77}\right)-\exp\left(-15.3\frac{10\ 594.91}{86\ 400\times0.77}\right)\right]$$

$$+0.977\exp\left(-15.3\frac{10\ 594.91}{86\ 400\times0.77}\right)=22.285 \text{ mg/L}$$

2) 平直河流混合过程段

一级评价采用二维稳态混合衰减模型。M_y 采用多参数优化法,示踪试验法确定,K_1 同上条 1) 中的一级。

二、三级评价采用二维稳态混合衰减模型,也可采用弗—罗衰减模型。M_y 采用泰勒法确定;K_1 同 2.1) 中二、三级;ε 和 n 的确定同 1. 中的 2)。

(1) 二维稳态混合衰减模式

① 岸边排放

$$C(x,y) = \exp\left(-\frac{K_1 x}{86\ 400u}\right)\left\{C_h + \frac{C_p Q_p}{H\sqrt{\pi M_y x u}}\left[\exp\left(-\frac{uy^2}{4M_y x}\right) + \exp\left(-\frac{u(2B-y)^2}{4M_y x}\right)\right]\right\} \tag{6-12}$$

② 非岸边排放

$$C(x,y) = \exp\left(-\frac{K_1 x}{86\ 400u}\right)\left\{C_h + \frac{C_p Q_p}{H\sqrt{\pi M_y x u}}\left[\exp\left(-\frac{uy^2}{4M_y x}\right) + \exp\left(-\frac{u(2a+y)^2}{4M_y x}\right) + \exp\left(-\frac{u(2B-2a-y)^2}{4M_y x}\right)\right]\right\} \tag{6-13}$$

(2) 弗-罗衰减模型

$$C_N = \left(\frac{C_p}{N} + \frac{N-1}{N}C_h\right)\exp\left(-K_1\frac{x}{86\ 400u}\right) \tag{6-14}$$

$$N = \frac{rQ_h + Q_p}{Q_p} \tag{6-15}$$

$$r = \frac{1 - \exp(-\beta\sqrt[3]{x})}{1 + \dfrac{Q_h}{Q_p}\exp(-\beta\sqrt[3]{x})} \tag{6-16}$$

$$\beta = 0.604\varepsilon\sqrt[3]{\frac{Hun}{\sqrt[6]{R}}Q_p} \tag{6-17}$$

3) 弯曲河流混合过程段

一级评价采用稳态混合衰减累积流量模式,其中 M_y 的确定采用多参数优化法或示踪试验法;K_1 的确定同本条 2.1) 中的一级评价。

二级评价采用稳态混合衰减累积流量模式,其中的 M_y 采用泰勒法确定。K_1 的确定同本条 2.1) 中的二级评价。

(1) 岸边排放

$$C(x,q) = \exp\left(-K_1\frac{x}{86\ 400u}\right)\left\{C_h + \frac{C_p Q_p}{H\sqrt{\pi M_y x}}\left[\exp\left(-\frac{q^2}{4M_q x}\right) + \exp\left(-\frac{(2Q_h-q)^2}{4M_q x}\right)\right]\right\} \tag{6-18}$$

（2）非岸边排放

$$C(x,q)=\exp\left(-K_1\frac{x}{86\ 400u}\right)\left\{C_h+\frac{C_pQ_p}{2H\sqrt{\pi M_yx}}\left[\exp\left(-\frac{q^2}{4M_qx}\right)+\right.\right.$$
$$\left.\left.\exp\left(-\frac{(2aHu+q)^2}{4M_qx}\right)+\exp\left(-\frac{(2Q_h-2aHu-q)^2}{4M_qx}\right)\right]\right\}$$ $$(6-19)$$

$$M_q=H^2uM_y$$
$$q=Huy$$

4）沉降作用明显的河流

混合过程段采用沉降作用不明显河流相应模式，但 K_1 改为综合消减系数 K，K 的确定同 K_1：一、二级评价用多点法或多参数优化法，三级评价采用两点法，其他参数的确定同沉降作用不明显河流。

充分混合段可采用托马斯模式。当不预测 DO 时，可采用确定 K_1 的方法确定 K_1+K_3：一、二级评价采用多点法，三级评价采用两点法。当预测 DO 时，一、二级评价采用多参数优化法确定 K_1、K_2、K_3。三级评价不预测 DO。

$$C=C_0\exp\left[-(K_1-K_3)\frac{x}{86\ 400u}\right]$$ $$(6-20)$$

$$D=\frac{K_1C_0}{K_2-(K_1+K_3)}\left\{\exp\left[-(K_1+K_3)\frac{x}{86\ 400u}\right]-\right.$$
$$\left.\exp\left(-\frac{K_2x}{86\ 400u}\right)\right\}+D_0\exp\left(-K_2\frac{x}{86\ 400u}\right)$$ $$(6-21)$$

$$X_c=\frac{u}{K_2-(K_1+K_3)}\ln\left[\frac{K_2}{K_1+K_3}+\frac{K_2(K_1+K_3+K_2)D_0}{K_1(K_1+K_3)C_0}\right]$$ $$(6-22)$$

$$C_0=\frac{C_pQ_p+C_hQ_h}{Q_p+Q_h}$$

$$D_0=\frac{D_pQ_p+D_hQ_h}{Q_p+Q_h}$$

式中　K_3——沉降系数，d^{-1}。其他同前。

3. 酸碱污染物（pH）的预测模型

1）充分混合段，各评价级别均采用河流 pH 模型

（1）排放酸性物质

$$\mathrm{pH}=\mathrm{pH}_h+L_9\left[\frac{C_{bh}(Q_p+Q_h)-C_{ap}Q_p}{C_{bh}(Q_p+Q_h)+Q_pC_{ap}K_{a1}\times10\mathrm{pH}_h}\right]$$ $$(6-23)$$

（2）排放碱性物质

$$\mathrm{pH}=\mathrm{pH}_h+L_9\left[\frac{C_{bh}(Q_p+Q_h)+C_{bp}Q_p}{C_{bh}(Q_p+Q_h)-Q_pC_{bp}K_{a1}\times10\mathrm{pH}_h}\right]$$ $$(6-24)$$

（本式适用于 pH$\leqslant$9 的情况）

式中，pH_h 为背景现状 pH 值；C_{bh} 为背景碱度，ml/L；C_{ap} 为废水的酸度，mg/L；K_{a1} 为碳酸一级平衡常数，从表 6-7 获得。

表 6-7　碳酸一级平衡常数 K_{a1}

温度/℃	0	5	10	15	20	25	30	40
$K \times 10$	2.65	3.04	3.43	3.80	4.15	4.45	4.71	5.06

2) 混合过程段

当受纳水体的水质要求较高时按下述方法求得,设拟排放的酸、碱污染物在河中只有混合作用,则可按照前节中的方法预测该污染物在混合过程段各点的浓度,然后根据试验室找出该污染物浓度与 pH 值的关系曲线,最后根据各点污染物的计算浓度查曲线获得相应点的 pH 值。

4. 废热污染的预测模型

1) 充分混合段,各评价等级均采用一维日均水温模型。

$$T - T_e + (T_0 - T_e)\exp\left(-\frac{K_{TS}x}{\rho c'_p Hu}\right) \tag{6-25}$$

$$T_e = T_d + \frac{H_s}{K_{TS}}$$

$$T_0 = T_h + \frac{Q_p(T_p - T_{*h})}{Q_p + Q_h}$$

$$K_{TS} = 15.7 + [0.515 - 0.004\,25(T_s - T_d) + 0.000\,051(T_s - T_d)^2](70 + 0.7W_z^2)$$

式中,T_e 为平衡水温,℃;T_0 为初始断面水温,℃;K_{TS} 为表面热交换系数;W/(m² · ℃);ρ 为水的密度,mg/m³;c'_p 为水的比热容,J/(kg · ℃);H_s 为太阳短波辐射,W/m²,用日射强度计在拟预测水温季节的正常天气下,二、三日实测平均值或当地有关部门提供;T_d 为露点温度,℃;T 为河流上游水温,℃;T_p 为废水水温,℃;T_s 为表面水温,℃;W_z 为水面上 10m 高处风速,m/s。

2) 混合过程段,目前无成熟模型,一、二级评价项目可参考水电部所用的方法。

6.7.4　湖泊水库预测模式

1. 持久性污染物的预测

1) 小湖(库)模式,各评价等级均采用完全混合平衡模式。

$$C = \frac{W_0 + C_p Q_p}{Q_h} + \left(C_h - \frac{W_0 + C_p Q_p}{Q_h}\right)\exp\left(-\frac{Q_h}{r}t\right) \tag{6-26}$$

平衡时:

$$C = \frac{W_0 + C_p Q_p}{Q_h} \tag{6-27}$$

式中,W_0 为湖(库)现有污染物排入量,g/s;t 为时间,s;r 为排放口到预测点的距离,m。

2) 无风时的大湖(库),各评价等级均可采用卡拉乌舍夫模式。

$$C_r = C_p - (C_p - C_{r0})\left(\frac{r}{r_0}\right)^{\frac{Q_p}{\phi H M^r}} \tag{6-28}$$

式中,C_r 为污染物湖面平均浓度,mg/L;C_{r0} 为 r 点的污染物已知浓度,mg/L;ϕ 为混合角度(弧度),据岸边形状和水流情况确定,湖心排放取 2π,平直岸边取 π;r_0 为某已知点距排放口的距离(极坐标系,m),可选远离排放口的某一点,项目对该点的影响可忽略;M_r为经向混合系数(m^2/s);一级采用示踪试验法;三级采用类比法;二级酌情确定。

3)近岸环流显著的大湖(库),各评价级别均可采用湖泊环流二维稳态混合模型,其中的M_y用爱-兰法求得。

(1)岸边排放

$$C(x,y)=C_h+\frac{C_pQ_p}{H\sqrt{\pi M_y x u}}\exp\left(-\frac{xy^2}{4M_y x}\right) \tag{6-29}$$

(2)非岸边排放

$$C(x,y)=C_h+\frac{C_pQ_p}{2H\sqrt{\pi M_y x u}}\left\{\exp\left(-\frac{xy^2}{4M_y x}\right)+\exp\left[-\frac{u(2a+y)^2}{4M_y x}\right]\right\} \tag{6-30}$$

4)分层湖(库),各评价级别均采用分层湖(库)集总参数模型。

(1)分层期$\left(0<\dfrac{t}{86\ 400}<t_1\right)$

$$C_{E(L)}=C_{pE}-[C_{pE}-C_{M(L-1)}]\exp\left(-Q_{pE}\frac{t}{V_E}\right) \tag{6-31}$$

$$C_{H(L)}=C_{pH}-[C_{pH}-C_{M(L-1)}]\exp\left(-Q_{pH}\frac{t}{V_H}\right) \tag{6-32}$$

式中,$C_{E(L)}$为分层湖(库)上层的平均浓度,mg/L;C_{PE}为向分层湖(库)上层排放的污染物浓度,mg/L;$C_{M(L-1)}$为分层湖(库)非成层期污染物平均浓度,其中$C_{M(0)}=C_h$,mg/L;Q_{PE}为排入分层湖上层废水量,m^3/s;V_E为分层湖上层水体积,m^3;$C_{H(L)}$为分层湖(库)下层的平均浓度,mg/L;C_{pH}为向分层湖下层排放的污染物浓度,mg/L;Q_{PH}为排入分层湖下层的废水量,m^3/s;V_H为分层湖下层水体积,m^3。

(2)翻转时上下两层瞬时完全混合

$$C_{T(L)}=\frac{C_{E(L)}V_E+C_{H(L)}V_H}{V_E+V_H} \tag{6-33}$$

(3)非分层期:$\left(t_1<\dfrac{t}{86\ 400}<t_2\right)$

$$C_{M(L)}=C_p-(C_p-C_{T(L)})\exp\left[-\frac{Q_p(t-t_1)}{V}\right] \tag{6-34}$$

2. 非持久性污染物的预测

1)小湖(库)模型。

各评价级别均采用湖泊完全衰减模型。其中K_1的确定:一级采用多点法,多参数优化法;二级采用两点法,多参数优化法;三级采用室内实验法、类比法;无法取得合适的实测资料时,各评价级别均采用室内实验法。

$$C=\frac{C_pQ_p+W_0}{VK_h}+\left(C_h-\frac{C_pQ_p+W_0}{VK_h}\right)\exp(-K_h t) \tag{6-35}$$

平衡时:

$$C=\frac{C_pQ_p+W_0}{VK_h} \tag{6-36}$$

$$K_h = \frac{Q_h}{V} + \frac{K_1}{86\,400}$$

式中,K_h 为中间变量;W_0 为湖(库)现有污染物的排入量,g/s;V 为湖水体积,m³。

2)无风时的大湖(库)模型。

各评价等级均采用湖泊推流衰减模型。

$$C_r = C_p \exp\left(-\frac{K_1 \phi H_r^2}{172\,800 Q_p}\right) + C_h \tag{6-37}$$

3)近岸环流显著的大湖模型。

各评价等级均采用湖泊环流二维稳态混合衰减模型,其中 M_y 采用爱-兰法求得。

(1)岸边排放

$$C(x,y) = \left[C_h + \frac{C_p Q_p}{H\sqrt{\pi M_y x u}}\exp\left(-\frac{uy^2}{4M_y x}\right)\right]\exp\left(-K_1\frac{x}{86\,400 u}\right) \tag{6-38}$$

(2)非岸边排放

$$C(x,y) = \left\{C_h + \frac{C_p Q_p}{2H\sqrt{\pi M_y x u}}\left[\exp\left(-\frac{uy^2}{4M_y x}\right) + \exp\left(-\frac{u(2a+y)^2}{4M_y x}\right)\right]\right\}$$
$$\exp\left(-K_1\frac{x}{86\,400 u}\right) \tag{6-39}$$

4)分层湖(库),各评价等级均采用分层湖集总参数衰减模型。

(1)分层期$\left(0<\dfrac{t}{86\,400}<t_1\right)$

$$C_{E(L)} = \frac{\dfrac{C_{pE}Q_{pE}}{V_E}}{K_{hE}} - \frac{\left[\dfrac{C_{pE}Q_{pE}}{V_E} - K_{hE}C_{M(L-1)}\right]\cdot\exp(-K_{hE}t)}{K_{hE}} \tag{6-40}$$

$$C_{H(L)} = \frac{\dfrac{C_{pH}Q_{pH}}{V_E}}{K_{hE}} - \frac{\left[\dfrac{C_{pH}Q_{pH}}{V_E} - K_{hE}C_{M(L-1)}\right]\cdot\exp(-K_{hH}t)}{K_{hE}} \tag{6-41}$$

$$K_{hE} = \frac{Q_{pE}}{V_E} + \frac{K_1}{86\,400}$$

$$K_{hH} = \frac{Q_{pH}}{V_H} + \frac{K_1}{86\,400}$$

(2)翻转时上下两层瞬间完全混合

$$C_{T(L)} = \frac{C_{E(L)}V_E + C_{H(L)}V_H}{V_E + V_H} \tag{6-42}$$

(3)非成层期$\left(t_1<\dfrac{t}{86\,400}<t_2\right)$

$$C_{M(L)} = \frac{\dfrac{C_p Q_p}{V} - \left[\dfrac{C_p Q_p}{V} - K_h C_{T(L)}\right]\exp(-K_h t)}{K_h} \tag{6-43}$$

$$C_{M(0)} = C_h$$

$$K_h = \frac{Q_p}{V} + \frac{K_1}{86\,400}$$

5) 狭长湖(库)顶端入口附近排入废水的预测模型。

各评价等级采用狭长湖移流衰减模型。K_1 的确定:一级采用多点法;二级采用多点法,两点法;三级采用两点法(若湖水流速过小时,各评价级别均采用实验室测定法求 K_1)。

$$C_L = \frac{C_p Q_p}{Q_h} \exp\left(-K_1 \frac{V}{86\ 400 Q_h}\right) + C_h \qquad (6-44)$$

6) 循环利用湖水的小湖(库),各评价级别均采用部分混合水质模型。

K_1 用实验室测定法确定,三级评价可采用类比法。

$$C = \frac{C_p R_c}{(R_c+1)\exp\left[\dfrac{K_1 V}{86\ 400 Q_c (R_c+1)}\right]-1} \qquad (6-45)$$

$$R_c = \frac{Q_p}{Q_c}$$

式中,R_c 为中间变量;Q_c 为取水量,m^3/s。

3. 酸碱污染物(pH)的预测

小湖可采用河流 pH 模型[6.7.3 节,3.];大湖(库)和近岸环流显著的大湖(库)按下述方法预测 pH:首先设拟排入的酸碱污染物在湖(库)中只有混合作用,并按[6.7.3,3.]中的方法预测该污染物在湖(库)各点的浓度,然后再实验找出该污染物浓度与 pH 的关系曲线,最后根据各点浓度曲线得各点的 pH 值。

6.7.5　模型参数的确定

1. 耗氧系数 K_1 的单独估值法

(1) 实验室测定法

$$K_1 = K_1' + (0.11 + 54I)\frac{u}{H} \qquad (6-46)$$

式中,K_1' 为实验室测定的耗氧系数,d^{-1};I 为河底坡降,m/m;u 为河水流速,m/s;H 为河深,m。

(2) 两点法

$$K_1 = \frac{86\ 400 u}{\Delta x}\ln\frac{C_A}{C_B} \quad (河流) \qquad (6-47)$$

$$K_1 = \frac{172800 Q_p}{\phi H (r_B^2 - r_A^2)}\ln\frac{C_A}{C_B} \quad (湖库) \qquad (6-48)$$

式中,C_A、C_B 为两断面 A、B 上的污染物浓度,mg/L;Δx 为两断面 A、B 间的距离,m;r_A、r_B 为两断 A、B 间距排污口的位置(极坐标),m;ϕ 为混合角度,弧度。

(3) 多点法(m≥3)

$$K_1 = 86\ 400 u\,\frac{m\sum\limits_{i=1}^{m} x_i \ln C_i - \sum\limits_{i=1}^{m}\ln C_i \sum\limits_{i=1}^{m} x_i}{\left(\sum\limits_{i=1}^{m} x_i\right)^2 - m\sum\limits_{i=1}^{m} x_i^2} \quad (河流) \qquad (6-49)$$

$$K_1 = 172\ 800 Q_p\,\frac{m\sum\limits_{i=1}^{m} r_i^2 \ln C_i - \sum\limits_{i=1}^{m}\ln C_i \sum\limits_{i=1}^{m} r_i^2}{\Psi H\left[\left(\sum\limits_{i=1}^{m} r_i^2\right)^2 - m\sum\limits_{i=1}^{m} r_i^4\right]} \quad (湖库) \qquad (6-50)$$

（4）kol 法

$$K_1 = \frac{86\,400u}{\Delta x} \ln \frac{\exp\left(-K_2\frac{\Delta x}{u}\right)(DO_2-DO_1)-DO_3+DO_2}{\exp\left(-K_2\frac{\Delta x}{u}\right)(DO_3-DO_2)-DO_4+DO_3} \qquad (6-51)$$

式中，$DO_{1,2,3,4}$ 分别是河流等距离断面 $1,2,3,4$ 的溶解氧浓度，mg/L。

2. 复氧系数 K_2 的单独估算法（经验公式法）

（1）欧康那-道宾斯公式

$$K_{2(20℃)} = 294\frac{\sqrt{D_m u}}{\sqrt{H^3}}, C_z \geqslant 17 \qquad (6-52)$$

$$K_{2(20℃)} = 824\frac{\sqrt{D_m}\sqrt[4]{I}}{\sqrt[4]{H^5}}, C_z < 17 \qquad (6-53)$$

$$C_z = \frac{\sqrt[6]{H}}{n}$$

$$D_m = 1.774 \times 10^{-4} \times 1.037^{(T-20)}$$

（2）欧文斯经验公式：

$$K_{2(20℃)} = 5.34\frac{u^{0.67}}{H^{1.85}}, 0.1 \leqslant H \leqslant 0.6\ m, u \leqslant 1.5\ m/s \qquad (6-54)$$

（3）邱吉尔经验公式

$$K_{2(20℃)} = 5.03\frac{u^{0.696}}{H^{1.673}}, 0.6 \leqslant H \leqslant 8\ m, 0.6 \leqslant U \leqslant 1.8\ m/s \qquad (6-55)$$

3. K_1、K_2 的温度校正

$$K_{1或2(T)} = K_{1或2(20℃)}\theta^{(T-20)} \qquad (6-56)$$

式中，θ——温度常数，取值：K_1，$\theta = 1.02 \sim 1.06$，一般取 1.047；K_2，$\theta = 1.015 \sim 1.047$，一般取 1.024。

4. 混合系数 M_y 的单独估值经验公式

（1）泰勒公式（河流）：

$$M_y = (0.058H + 0.006\ 5B)\sqrt{gH_I}, B/H \leqslant 100 \qquad (6-57)$$

（2）爱尔德公式（河流）：

$$M_x = 5.93H\sqrt{gH_I} \qquad (6-58)$$

（3）爱-兰法：

$$M_x = 18.57uh/C_z \qquad (6-59)$$

$$M_y = 18.57vh/C_z \qquad (6-60)$$

5. 沉降系数 K_3 和综合消减系数 K 值估算

（1）利用两点法确定 K_1+K_3 或 K

（2）利用多点法确定 K_1+K_3 或 K

上述两种方法可参考本节 1.中介绍的方法。

以上所介绍的各种预测模式均为点源预测所涉及的内容。但在实际工作中常常需要解

决有关面源方面的问题。

6.7.6　面源环境影响预测

1. 面源及其类型

面源主要是指建设项目在各生产阶段,由于降雨径流或其他原因从一定面积上向地表水环境排放污染物的污染源。建设项目面源主要有①水土流失面源(因水土流失而产生的的面源);②堆积物面源(露天堆放原料、燃料、废渣、废弃物等以及垃圾堆放场因冲刷和淋溶而产生面源);③降尘面源(大气降尘直接落于水体而产生的面源)。

2. 建设项目预测的内容

(1) 矿山开发项目,应预测生产运行阶段和服务期满后的面源环境影响,主要包括水土流失面源、堆积物面源所产生的一系列污染物。

(2) 冶炼、火电、建材生产等项目,主要预测生产运行阶段堆积物面源和降尘面源所产生的影响。

(3) 项目建设阶段对地表水环境产生面源影响,主要是土石方工程量大的项目所产生的水土流失。是否对其进行预测,取决于工程项目和当地的环境特点。

3. 面源源强的确定

1) 水土流失面源源强的确定

(1) 悬浮物计算公式:

$$M_{ss} = AF' \tag{6-61}$$

式中,A 为样方流失量,$kg/(m^2 \cdot a)$;F' 为流失区面积,m^2。

(2) 悬浮物中夹带的其他污染物计算公式:

$$M_{sc} = C_L M_{ss} \tag{6-62}$$

式中,C_L 为流失物中污染物含量,g/g;M_{ss} 为降雨径流产生的悬浮物流失量,kg。

(3) 溶解的其他污染物计算公式:

$$M_c = C_w M_{sc} + M_d \tag{6-63}$$

式中,C_w 为分配系数,即水相中污染物量与其总量之比;M_{sc} 为降雨径流产生的悬浮物流失量,kg;M_d 为污染物溶出量,kg;

计算一年内全部降雨所产生的面源污染物时,除上述方法外,还可以实测径流中污染物浓度,并将降雨按降雨量的大小分为若干类型,找出其产生的径流量,然后按下面两式计算:

$$M_{ss} = \sum C_{rs} Q_f \times 10^{-3} \tag{6-64}$$

$$M_{sc} + M_c = \sum C_{rc} Q_f \times 10^{-3} \tag{6-65}$$

式中,C_{rc} 为径流中悬浮物浓度,mg/s;Q_f 为径流量,kg;M_c 为降雨溶解的面源污染物,kg;C_{rc} 为径流中其他污染物浓度,mg/L。

其他符号同前。

(4) 样方年流失量的计算

样方年非沟蚀流失量一般采用美国通用流失方程确定:

$$A = 0.47 R_e K_e L_1 S_1 C_t \rho \tag{6-66}$$

式中,A 为样方流失量;R_e 为降雨侵蚀因子;K_e 为土壤受侵蚀因子;S_1 为坡度因子,$S_1 = 0.065$

$+4.5I+65I^2$，I 为地面坡度；L_1 为坡长因子，$L_1=(0.0451I)^m$，式中的 m 为常数，一般可取 0.6，当 $I>0.1$ 时取 0.6，当 $I<0.005$ 时取 0.3；C_t 为植物覆盖因子；ρ 为侵蚀控制措施因子。

降雨侵蚀因子(R_e)、植物覆盖因子(C_t)、侵蚀控制措施因子(ρ)可分别参考表 6-8 表 6-9 和表 6-10 或其他资料确定。

表 6-8 降雨侵蚀因子(R_e)

土 壤 类 型	有 机 质 含 量		
	<0.5%	2%	4%
沙土	0.05	0.30	0.02
细沙土	0.16	0.14	0.10
特细沙土	0.42	0.36	0.28
壤质沙土	0.12	0.10	0.08
壤质沙土	0.24	0.20	0.16
壤质细沙土	0.44	0.38	0.30
沙壤土	0.27	0.24	0.19
细沙壤土	0.35	0.30	0.24
特细沙壤土	0.47	0.41	0.33
壤土	0.38	0.34	0.29
粉沙壤土	0.48	0.42	0.33
粉沙	0.60	0.52	0.42
沙质黏土壤土	0.27	0.25	0.21
黏土壤土	0.28	0.25	0.21
粉沙黏土壤土	0.37	0.32	0.26
沙质黏土	0.14	0.13	0.12
粉沙黏土	0.25	0.23	0.19
黏土		0.13~0.29	

表 6-9 植物覆盖因子(C_t)

类 型	地 面 覆 盖 率				
	20%	40%	60%	80%	100%
草地	0.24	0.15	0.09	0.043	0.011
灌木	0.22	0.14	0.085	0.040	0.011
乔灌混交	0.20	0.11	0.06	0.027	0.007
茂密森林	0.08	0.06	0.02	0.004	0.001
裸地	1.0				

表 6-10 侵蚀控制措施因子(ρ)

措施	土地坡度/%	ρ
无任何措施		1.00
等高开沟	1.1～2.0	0.60
等高开沟	2.1～7.0	0.50
等高开沟	12.1～18.0	0.80
等高开沟	18.1～24.0	0.90
等高开沟带状播种	1.1～2.0	0.45
等高开沟带状播种	2.1～7.0	0.40
等高开沟带状播种	7.1～12.0	0.45
等高开沟带状播种	12.1～18.0	0.60
等高开沟带状播种	18.1～24	0.70
梯田	1.1～2.0	0.45
梯田	2.1～7.0	0.40
梯田	7.1～12.0	0.45
梯田	12.1～18.0	0.60
梯田	18.1～24.0	0.70
顺坡直行耕作		1.00

年平均降雨侵蚀因子(R_e)的确定:首先计算出一年中每次降雨侵蚀因子 R'_e,然后把一年中所有降雨的 R'_e 相加成为 R_e,一般应取 5～10 年的平均值。

计算 R'_e 时,可将每次降雨过程分为若干降雨历时段,采用下式计算:

$$R'_e = 0.6_{i30} \sum (274 + 87\lg i)_{i\tau} \qquad (6-67)$$

式中,i_{30} 为连续 30 min 降雨的最大降水强度,mm/min;i 为降雨强度,mm/min;τ 为降雨历时,min。

(5)一次降雨的样方流失量计算

一次降雨的样方非沟蚀流失量可以采用威廉 USLE 修正式:

$$A = 11.8H_r\phi Q_r K_e L_i S_i C_i \rho \qquad (6-68)$$

式中,H_r 为降雨量;ϕ 为径流系数,参照表 7-11 确定;Q_r 为峰值径流量,取降雨历时等于流失区最远点到该区排出口的地面径流时间的径流量,kg;K_e 为土壤受侵蚀因子;L_i 为坡长,m;S_i 为坡度因子;C_i 为植物覆盖因子;ρ 为侵蚀控制措施因子。

(6)其他参数的确定

土壤中污染物含量 C_L 可以取样实测。

分配系数 C_w 和溶出物 M_d 可以通过溶出试验确定。溶出试验暂时采用国家环保总局颁布的《工业固体废物有害特性试验与监测分析方法(试行)》。

径流中悬浮物浓度 C_{rs} 和径流中其他污染物浓度 C_{rc}，对于改扩建项目可以在雨天实测，拟建项目可以用类比调查法确定。

年径流量 Q_f 可以根据多年的降雨资料统计求得。计算时可以按降雨量大小把降雨分成若干等级。计算出每级每年的平均降雨场数及其平均降雨量，采用式(6-69)计算年径流量：

$$Q_f = \sum F' \phi H_r \times 10^{-3} \qquad (6-69)$$

式中，F_1 为流失区面积 m^2；ϕ 为径流系数；H_r 为降雨量，mm；

表 6-11 径流系数 ϕ

土地用途	径流系数 ϕ	土地用途	径流系数 ϕ
事务性工作区：		未开垦的处女地	0.10～0.30
闹市区	0.70～0.95	地表类型：	
街区	0.50～0.70	铺筑地面：	
住宅区：		沥青和混凝土地面	0.70～0.95
单家住宅	0.30～0.50	砖砌地面	0.70～0.85
多单元、不相连式住宅	0.40～0.60	屋顶	0.75～0.95
多单元、相连式住宅	0.60～0.75	草地、沙质土壤：	
住宅区（郊区）	0.25～0.40	平坦，坡度 2%	0.05～0.10
公寓	0.50～0.70	中等，坡度 2%～7%	0.10～0.15
工业区：		陡峭，坡度 7%	0.15～0.20
轻工业	0.50～0.80	草地、黏土：	
重工业	0.60～0.90	平坦，坡度 2%	0.13～0.17
公园、墓地	0.10～0.25	中等，坡度 2%～7%	0.18～0.22
运动场	0.20～0.35	陡峭，坡度 7%	0.25～0.35
铁路调车场	0.20～0.35		

2) 堆积物面源源强的确定

目前尚无成熟的堆积物面源源强的确定方法。要求很高时可以根据其他已建的建设项目类似堆积物的实测资料推算。实测时在雨水或人工模拟降雨过程中记录降雨过程，测量 C_{rs} 和 C_{rc}。可以近似采用下式推算推积物面源源强：

悬浮物：$M_{ss} = C_{rs} H_r F_s \phi \times 10^{-6}$ \qquad (6-70)

其他污染物：$M_{sc} + M_c = C_{rc} H_r F_s \phi \times 10^{-6}$ \qquad (6-71)

式中，C_{rs} 为径流中悬浮物浓度，mg/L；C_{rc} 为径流中其他污染物浓度，mg/L；H_r 为降雨量，mm；F_s 为堆积物表面积，m^2；ϕ 为径流系数。

三级评价可以采用类比调查法确定堆积物面源源强，也可以只进行定性预测。

3) 降尘面源源强的确定方法

降尘面源源强可以直接根据大气环境影响预测结果确定。

4. 面源环境影响预测方法

目前尚无成熟实用的面源预测方法。可以把拟建项目的面源污染物总量与拟建项目的点源污染物总量或现有的面源及点源的影响等进行综合比较,分析面源对地表水影响的程度和大小。

6.8　拟建项目地表水环境影响评价

拟建项目地表水环境影响评价是评定与估计建设项目各生产阶段对地表水的环境影响,它是环境影响预测的继续。

评价范围与影响预测的范围相同,评价标准与现状评价相同,所有预测点和所有预测的水质参数均应进行各生产阶段不同情况的环境影响评价,但应有重点。在空间上,水文、水质急剧变化处,水域功能改变处,取水口附近等应作为重点;水质方面,影响较大的水质参数应作为重点。多项水质参数综合评价的评价方法和参与评价的水质参数应与环境现状综合评价相同。

参考文献

[1] 陈振民.环境质量评价实务.郑州:郑州大学出版社,2003.

[2] 环保部环境工程评估中心.环境影响评价技术方法.北京:中国环境科学出版社,2011.

[3] 环保部环境工程评估中心.建设项目环境影响评价.2版.北京:中国环境科学出版社,2012.

[4] 环保部,国家质量监督检验检疫总局.空气质量标准.北京:中国环境科学出版社,2012.

[5] 环保部.环境空气质量评价技术规范(试行).北京:中国环境科学出版社,2013.

[6] 国家环境保护局,国家质量监督检验检疫总局.地表水环境质量标准,北京:中国环境科学出版社,2002.

[7] 环保部.环境空气质量指数(AQI)技术规定.北京:中国环境科学出版社,2012.

[8] 水利部.地表水资源质量评价技术规程.北京:水利电力出版社,2007.

[9] 环保部.环境影响评价技术导则-总纲.北京:中国环境科学出版社,2011.

[10] 环保部.环境影响评价技术导则-大气环境.北京:中国环境科学出版社,2008.

[11] 国家环境保护局.环境影响评价技术导则-地面水环境.北京:中国环境科学出版社,1993.

[12] 陈振民,赵伟.上海市2013年以来空气污染物变化特征.上海应用技术学院学报,2016.

[13] 陈振民.中国空气质量标准与WHO最新大气质量基准的比较.环境与健康杂志,2008.

[14] 余德辉,金相灿.中国湖泊富营养化及其防治研究.北京:中国环境科学出版社,2001.